TRAITÉ ÉLÉMENTAIRE
D'ARITHMÉTIQUE.

TRAITÉ ÉLÉMENTAIRE

D'ARITHMETIQUE,

A L'USAGE

DES ÉCOLES TENUES PAR

LES FILLES-DE-LA-SAGESSE.

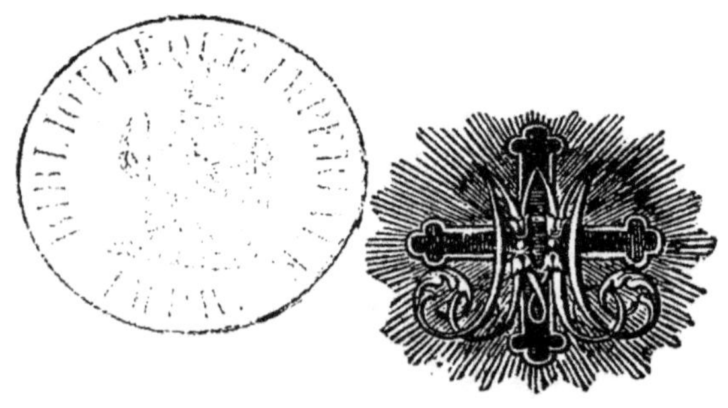

NANTES,

IMPRIMERIE DE VINCENT FOREST,

PLACE DU COMMERCE.

—

1853.

OBSERVATION.

A moins que les Élèves n'aient déjà vu suffisamment les *Premiers Éléments d'Arithmétique*, elles ne devront, dans ce *Traité*, s'occuper des notes placées au bas des pages, qu'après avoir repassé, au moins deux ou trois fois, les deux premières parties de cet ouvrage.

TRAITÉ ÉLÉMENTAIRE

D'ARITHMÉTIQUE.

CHAPITRE PRÉLIMINAIRE.

Quand je dis : *sept* lieues de chemin, *vingt-quatre* heures de travail, *cent trente* bouteilles de vin, les mots *sept, vingt-quatre, cent trente* expriment des *nombres ;* car ils disent quel est le nombre des lieues, des heures et des bouteilles dont je parle (1).

On a souvent besoin de réunir deux nombres en un seul, ou bien de retrancher un nombre d'un autre, ou enfin de faire quelque autre opération de ce genre : c'est ce qu'on appelle *calculer.*

---

(1) La lieue, l'heure, la bouteille, sont autant de mesures dont je me suis servi pour apprécier une certaine longueur de chemin, une certaine durée de temps, une certaine contenance de vin. Eh bien! cette longueur, cette durée, cette contenance, et, en général, tout ce qui est susceptible d'augmentation ou de diminution, s'appelle *grandeur* ou *quantité.*

La lieue, l'heure, la bouteille, et, en général, toute mesure convenue, dont on se sert ainsi pour mesurer et indiquer les quantités de même nature, s'appelle *unité.*

Le *nombre*, comme ici *sept, vingt-quatre, cent trente*, est ce qui marque combien il y a d'unités dans telle ou telle quantité.

L'*Arithmétique* apprend à faire tous ces calculs (¹).

ARTICLE Iᵉʳ.

Il faut commencer par bien savoir, de mémoire, toute la suite des nombres, depuis *un* jusqu'à *cent*. La voici :

Un	Vingt-six
Deux	Vingt-sept
Trois	Vingt-huit
Quatre	Vingt-neuf
Cinq	**Trente**
Six	Trente-un
Sept	Trente-deux
Huit	Trente-trois
Neuf	Trente-quatre
Dix	Trente-cinq
(*Dix-un*) onze	Trente-six
(*Dix-deux*) douze	Trente-sept
(*Dix-trois*) treize	Trente-huit
(*Dix-quatre*) quatorze	Trente-neuf
(*Dix-cinq*) quinze	**Quarante**
(*Dix-six*) seize	Quarante-un
Dix-sept	Quarante-deux
Dix-huit	Quarante-trois
Dix-neuf	Quarante-quatre
Vingt	Quarante-cinq
Vingt-un	Quarante-six
Vingt-deux	Quarante-sept
Vingt-trois	Quarante-huit
Vingt-quatre	Quarante-neuf
Vingt-cinq	**Cinquante**

______

(1) Le *Calcul* consiste donc à faire, sur les nombres, toutes les opérations dont ils sont susceptibles, et l'*Arithmétique* est la science qui apprend à calculer.

Cinquante-un
Cinquante-deux
Cinquante-trois
Cinquante-quatre
Cinquante-cinq
Cinquante-six
Cinquante-sept
Cinquante-huit
Cinquante-neuf
Soixante
Soixante-un
Soixante-deux
Soixante-trois
Soixante-quatre
Soixante-cinq
Soixante-six
Soixante-sept
Soixante-huit
Soixante-neuf
Soixante-dix (¹)
Soixante-(*dix-un*) onze
Soixante-(*dix-deux*) douze
Soixante-(*dix-trois*) treize
Soixante-(*dix-quatre*) quatorze
Soixante-(*dix-cinq*) quinze
Soixante-(*dix-six*) seize

Soixante-dix-sept
Soixante-dix-huit
Soixante-dix-neuf
Quatre-vingts
Quatre-vingt-un
Quatre-vingt-deux
Quatre-vingt-trois
Quatre-vingt-quatre
Quatre-vingt-cinq
Quatre-vingt-six
Quatre-vingt-sept
Quatre-vingt-huit
Quatre-vingt-neuf
Quatre-vingt-dix
Quatre-vingt-(*dix-un*) onze
Quatre-vingt-(*dix-deux*) douze
Quatre-vingt-(*dix-trois*) treize
Quatre-vingt- (*dix-quatre*) quatorze
Quatre-vingt-(*dix-cinq*) quinze
Quatre-vingt-(*dix-six*) seize
Quatre-vingt-dix-sept
Quatre-vingt-dix-huit
Quatre-vingt-dix-neuf
Cent.

Remarquez : 1° qu'après *dix*, *soixante-dix* et *quatre-vingt-dix*, au lieu de *dix-un*, *dix-deux*, *dix-trois*, *dix-quatre*, *dix-cinq*, *dix-six*, on dit : *onze*, *douze*, *treize*, *quatorze*, *quinze*, *seize*.

---

(1) Autrefois, au lieu de *soixante-dix*, *quatre-vingts* et *quatre-vingt-dix*, on disait : *septante*, *octante*, *nonnante*. Ces mots ne sont plus guère en usage.

Remarquez : 2° que ces cent premiers nombres sont partagés par *dizaines :* la première se compose des *dix* premiers nombres ; il y a deux dizaines dans *vingt ;* trois, dans *trente ;* quatre, dans *quarante ;* cinq, dans *cinquante ;* six, dans *soixante ;* sept, dans *soixante-dix ;* huit, dans *quatre-vingts ;* neuf, dans *quatre-vingt-dix ;* enfin dix, dans *cent*, que l'on appelle aussi une *centaine.* Il y a donc *dix* dizaines dans une centaine, comme il y a *dix* unités dans une dizaine.

Remarquez : 3° que, à chaque nouvelle dizaine, on répète les mêmes nombres qu'à la première, c'est-à-dire : *un, deux, trois, quatre, cinq, six, sept, huit, neuf,* en ajoutant seulement avant chacun de ces nombres, le nom de la dizaine précédente. Par exemple, après *vingt* qui termine la seconde dizaine, on compte la troisième, en disant : *vingt-un, vingt-deux, vingt-trois,* et ainsi jusqu'à *vingt-neuf ;* de même, après *trente*, on dit : *trente-un, trente-deux,* etc.

Pour les nombres au-delà de *cent,* on recommence à compter comme ci-dessus : *un, deux, trois, quatre,* etc., jusqu'à *cent*, en ajoutant seulement, avant chacun de ces nombres, la centaine qui est déjà comptée. Ainsi, on dit : *cent-un, cent-deux, cent-trois,* etc., jusqu'à ce qu'on ait une autre centaine, et qu'on soit rendu à dire *deux cents.* Alors on recommence de nouveau, en disant : *deux-cent-un, deux-cent-deux,* etc., jusqu'à *trois-cents.* On compte de même de *trois-cents* à *quatre-cents,* de *quatre-cents* à *cinq-cents,* et ainsi de suite jusqu'à *dix-cents.* Au lieu de *dix-cents,* on dit *mille.* Un mille renferme donc *dix* centaines, comme une centaine renferme *dix* dizaines, comme une dizaine renferme *dix* unités.

De même que, après avoir compté la première centaine, on commence la seconde par *cent-un, cent-deux, cent-trois,* etc., jusqu'à *deux-cents ;* puis la troisième en disant : *deux-cent-un, deux-cent-deux,* etc., jusqu'à *trois-cents,* et ainsi jusqu'à dix cents ou *mille;* de même, après avoir compté le premier mille, on commence le second par *mille-un, mille-deux, mille-trois,* etc., jusqu'à *deux mille;* puis le troisième, en disant : *deux mille-un, deux mille-deux,* etc., jusqu'à *trois mille,* et ainsi jusqu'à dix-cent mille ou *mille mille.* Au lieu de *mille mille,* on dit : *million.* Un million renferme donc *dix* centaines de mille, comme une centaine de mille renferme *dix* dizaines de mille, comme une dizaine de mille renferme *dix* mille, comme un mille renferme *dix* centaines d'unités, comme une dizaine d'unités renferme *dix* unités.

On compte les millions comme on a compté les mille, jusqu'à ce qu'on soit arrivé à dix cents millions ou mille millions, que l'on exprime par le seul mot *billion* ou *milliard.* Un milliard renferme donc *dix* centaines de millions, comme une centaine de millions renferme *dix* dizaines de millions, comme une dizaine de millions renferme *dix* millions, comme un million renferme *dix* centaines de mille, etc..... (¹).

Voici la suite des douze premiers ordres de nombres, toujours de dix en dix fois plus forts :

Unités
Dizaines d'unités
Centaines d'unités
Mille
Dizaines de mille
Centaines de mille
Millions

---

(1) Notre *système de numération* (on nomme ainsi la manière de former les nombres, et de les énoncer) a donc pour base le nombre dix : c'est pourquoi on l'appelle *système décimal.*

1*

Dizaines de millions
Centaines de millions
Milliards
Dizaines de milliards
Centaines de milliards ([1])

Pour se rappeler cet ordre des nombres, on peut écrire, en dedans de sa main gauche, sur le bout de l'index : *milliards ;* sur celui du grand doigt : *millions ;* sur le doigt suivant : *mille ;* enfin, sur le petit doigt : *unités.* Prononçant alors, sur les trois jointures de chaque doigt, à partir de la paume de la main, les trois mots : *centaines, dizaines* et *unités,* on aura, sur le premier doigt : *centaines de milliards, dizaines de milliards, unités de milliards* ou simplement *milliards ;* sur le second : *centaines de millions, dizaines de millions, millions ;* sur le troisième : *centaines de mille, dizaines de mille, mille ;* enfin, sur le dernier : *centaines d'unités, dizaines d'unités, unités,* ou simplement : *centaines, dizaines, unités.*

ARTICLE II.

Pour rendre les calculs plus faciles, on a imaginé, dès les premiers siècles, de représenter les nombres par des *chiffres,* au lieu de les écrire en toutes lettres, comme nous avons fait jusqu'à présent.

Les chiffres dont nous nous servons communément, nous viennent des Arabes. Ils sont au nombre de dix, savoir :

([1]) Il y a bien d'autres nombres encore que l'on appelle *trillions, quatrillions, quintillions,* etc. ; mais, dans l'usage ordinaire, on n'a pas besoin de ces nombres.

1, 2, 3, 4, 5, 6, 7, 8, 9, et 0 (¹). Les neuf premiers veulent dire : *un, deux, trois, quatre, cinq, six, sept, huit, neuf.* Le dixième, qui s'appelle *zéro*, n'a aucune valeur propre ; vous verrez tout à l'heure à quoi il sert (²).

Avec ces neuf premiers chiffres, il est bien facile d'exprimer les neuf premiers nombres : *un, deux, trois,* etc. ; mais comment, avec ces seuls chiffres, exprimer les nombres plus forts? Pour cela, on est convenu que le même chiffre vaudrait dix fois plus, c'est-à-dire exprimerait une espèce de nombres dix fois plus forte, lorsque, au lieu d'être à la première place sur la droite, il serait à une place de plus sur la gauche.

Par exemple, le chiffre 3, étant seul, n'exprime que trois unités ; mais, s'il est placé à la gauche d'un autre chiffre, comme dans 32 (qui veut dire *trente-deux),* il exprime trois dizaines d'unités. S'il se trouve encore à une place de plus sur la gauche, comme dans 324, *(trois cent vingt-quatre)* il exprime des centaines d'unités. A mesure qu'il avancera d'une place, il exprimera des mille, 3246 ; des dizaines de mille, 32465 ; des centaines de mille, 324651 ; des millions, 3246517.

---

(1) Il est une autre sorte de chiffres qu'on appelle *romains*, mais qui ne sont guère usités que pour indiquer une série de numéros. Ce sont différentes lettres de l'alphabet, auxquelles on a donné une valeur numérique. M vaut mille ; D, cinq cents ; C, cent ; L, cinquante ; X, dix ; V, cinq, et I, un. Pour écrire des nombres avec ces lettres, lorsqu'on est obligé d'en employer plusieurs, comme pour exprimer *mille cinq cent cinquante,* on place la plus forte à gauche, et l'on vient de plus faible en plus faible vers la droite ; ainsi, dans ce cas, on écrirait : MDL. Une lettre plus faible placée à gauche d'une plus forte, la diminue de toute sa propre valeur. Par exemple IV, XL, XC, CM, n'expriment que quatre, quarante, quatre-vingt-dix, et neuf cents, tandis que les lettres V, L, C et M vaudraient seules : cinq, cinquante, cent et mille. Il est facile, d'après ces principes, d'écrire la suite des nombres en chiffres romains : I, II, III, IV, V, VI, VII, VIII, IX, X, XI, XII, XIII, XIV, XV, XVI, XVII, XVIII, XIX, XX, XXI, etc.

(2) On appelle *positifs* ou *significatifs* les neuf chiffres qui ont une valeur, et *négatif* le zéro qui n'en a aucune.

Les chiffres qui suivent 3, ont éprouvé une augmentation semblable, à mesure qu'ils se sont avancés vers la gauche. Ainsi, 2, qui, dans 32, exprimait deux unités, exprime deux dizaines dans 324, deux centaines dans 3246, etc.

D'après cela,

1° On voit que le même chiffre, à la 1re place sur la droite, exprime des unités, et, qu'en se rapprochant vers la gauche, il exprime, à la 2e place, des dizaines ; à la 3e, des centaines ; à la 4e, des mille, etc., comme dans le nombre ci-dessous :

Milliards	Centaines de millions	Dizaines de millions	Millions	Centaines de mille	Dizaines de mille	Mille	Centaines d'unités	Dizaines d'unités	Unités
3	3	3	3	3	3	3	3	3	3

2° Pour donner à un chiffre une valeur de dix en dix fois plus grande, il suffit de le mettre à une place de plus sur la gauche ; et, au contraire, pour lui donner une valeur de dix en dix fois plus petite, il suffit de le ramener d'une place sur la droite.

3° Un chiffre plus faible qu'un autre, en lui-même, peut avoir, par sa position, une valeur plus grande [1]. Ainsi, dans 28, le chiffre 2, quoique plus faible de lui-même, a plus de valeur que 8.

Mais, dans trois cent huit, par exemple, entre les trois *centaines* et les huit *unités*, il n'y a pas de *dizaines*. Que va-t-il arriver ? Si, après avoir écrit 8, nous mettons 3 à sa gauche, nous aurons 38, et, dans ce nombre, le 3, occupant

---

[1] Ce qu'un chiffre vaut en lui-même et toujours, se nomme sa *valeur absolue*; ce qu'il vaut accidentellement par l'effet de sa position, est sa *valeur relative*.

la 2ᵉ place, semblera indiquer des dizaines, tandis qu'il ne doit exprimer que des centaines. Pour empêcher cette confusion, il faut laisser la 2ᵉ place vacante, et la faire garder par le chiffre sans valeur *zéro*, en écrivant 308 ; de la sorte, le 3, se trouvant renvoyé à la 3ᵉ place, ne donnera lieu à aucune erreur.

Il en est de même toutes les fois qu'un ordre de nombres manque. Ainsi, dans trente, il y a trois dizaines et point d'unités, on écrit : 30 ; dans trois cents, il y a trois centaines, et point de dizaines, point d'unités, on écrit : 300 ; dans trois mille, il y a trois mille, et point de centaines, point de dizaines, point d'unités, on écrit 3000.

D'après cela, on voit qu'un nombre quelconque, à la suite duquel on ajoute un zéro, en devient dix fois plus fort. Suivi de deux zéros, il est cent fois plus fort ; avec trois, il l'est mille fois, etc. Au contraire, chaque zéro de moins sur la droite, le rend de dix en dix fois plus faible. Mais un zéro, mis à gauche, ne causerait ni augmentation ni diminution, car il ne changerait rien à la position des autres chiffres.

Pour écrire en chiffres un nombre quelconque, il faut commencer par le partager, dans sa pensée, comme nous l'avons partagé tout à l'heure sur les doigts, c'est-à-dire par *milliards, millions, mille* et *unités ;* puis, il faut se rappeler que chacune de ces classes de nombres n'a jamais que des *centaines*, des *dizaines* et des *unités*. On commence donc par la classe la plus forte, celle des milliards, s'il y en a, et on en écrit, de gauche à droite, les centaines, les dizaines et les unités, sans s'occuper encore des classes suivantes. Les *milliards* écrits, on écrit de même les centaines, les dizaines et les unités des *millions*. On passe aux centaines, dizaines et unités de *mille ;* puis aux centaines, dizaines et *unités* simples.

Que vous ayez, par exemple, à écrire en chiffres le

nombre *quatre milliards, trois cent huit millions, cinq cent trente-six mille, quatre cent vingt-trois unités.* Prenez d'abord les milliards seuls : il n'y en a que quatre, écrivez 4. Passez aux trois cent huit millions ; à droite du 4 déjà écrit, écrivez les 3 centaines ; laissez vide la place des dizaines ; écrivez, à la suite, les 8 unités. Arrivez aux cinq cent trente-six mille ; écrivez d'abord les 5 centaines, puis les 3 dizaines et les 6 unités. Il ne vous reste plus qu'à écrire de même la dernière classe, et vous aurez 4308536423.

Supposons maintenant que, au lieu d'avoir à écrire en chiffres un nombre qu'on vous dit, vous ayez à lire un nombre que l'on vous présente en chiffres, par exemple, celui que vous venez d'écrire. Il faut commencer par le séparer en tranches de trois chiffres, à commencer par la droite, et, pour cela, on met ordinairement un point entre les tranches. Puis rappelez-vous que la tranche de droite, c'est votre petit doigt, avec le mot *unités ;* la 2ᵉ, c'est le doigt suivant, avec le mot *mille ;* la 3ᵉ, c'est le grand doigt, avec *millions ;* la 4ᵉ, c'est l'index, avec *milliards.*

Milliards　Millions　Mille　Unités

4. 308.536.423.

Une fois que vous avez ainsi, par la pensée, distingué les tranches, et donné à chacune le nom qui lui convient, dites chaque tranche comme si elle était seule, en ayant soin de mettre son nom à la suite. Ainsi, dans l'exemple proposé, vous direz : *quatre* milliards..... *trois cent huit* millions..... *cinq cent trente-six* mille..... *quatre cent vingt-trois* unités.

1. *Répondez, par un chiffre, à chacune des questions suivantes :* Combien y a-t-il de Dieux ? — Combien de personnes en Dieu ? — Combien avez-vous de mains ? — Combien de doigts dans chaque main ? — Combien y a-t-il de saisons dans l'année ? — Combien y a-t-il de sacrements ? — Combien de commandements de l'Église ? — Combien y a-t-il de chœur des Anges ? — Combien l'Évangile nous enseigne-t-il de béatitudes ?

2. *Dites-nous ce qu'exprime un chiffre qui est à la gauche d'un autre ? — Ce qu'il exprime, quand il est le 3ᵉ sur la gauche ? — Quand il est le 4ᵉ ? — le 5ᵉ ? — le 6ᵉ ? — le 7ᵉ ? etc.*

3. *Dites à quelle place, sur la gauche, doit être placé un chiffre pour qu'il exprime des dizaines ? — des centaines ? — des mille ? — des dizaines de mille ? etc.*

4. Il y a vingt-quatre heures dans le jour, et trois cent soixante-cinq jours dans l'année ordinaire. — Adam a vécu neuf cent trente ans. — Le déluge est arrivé mille six cent soixante ans après la création du monde. — Jésus-Christ est venu au monde l'an quatre mille quatre. *Écrivez, en chiffres, tous ces différents nombres.*

5. *Lisez les nombres suivants :* La France compte 35781628 habitants, distribués en 86 départements. Celui de la Seine en renferme, à lui seul, 1422065, tandis que celui des Hautes-Alpes n'en a que 132038. — La Terre a environ 9000 lieues de tour ; elle est 49 fois plus grosse que la Lune et 1400000 fois plus petite que le Soleil, dont elle est distante de 34856000 lieues.

6. Un homme n'a que 45 moutons. *Écrivez, en chiffres, combien il en aurait, si le nombre de ses moutons était dix fois plus fort.* — Votre sœur a 60 aiguilles, et le nombre des vôtres est dix fois moindre. *Écrivez, en chiffres, le nombre de vos aiguilles.*

PREMIÈRE PARTIE.

OPÉRATIONS

Sur les Nombres Entiers.

On dit qu'un nombre est entier, quand il ne renferme que des unités entières, par exemple, 34 mètres, 28 litres, 6 heures.

CHAPITRE PREMIER.

Addition.

Je suppose que vous aviez 24 œufs, d'une part, et 63, d'une autre. Vous les avez réunis en un même panier, et vous voulez savoir combien ce panier en contient.

Ecrivez d'abord le premier nombre, c'est-à-dire 24 ; puis, au-dessous, écrivez le second, c'est-à-dire 63, de manière que le 3, qui, dans 63, exprime les unités, se trouve juste sous le 4, qui exprime les unités dans 24 ; et que le 6 qui marque des dizaines, soit sous le 2 qui marque aussi des dizaines. Ceci fait, soulignez le tout, c'est-à-dire tirez une barre au-dessous. Votre règle est posée, comme ci-dessous, à gauche.

24   24
63   63
———   ———
                    87

Actuellement, en descendant du 1er nombre au 2e, dites: 4 unités et 3 unités font 7 unités, et écrivez 7, sous la barre, juste au-dessous des autres unités. Passant aux dizaines, dites de même : 2 dizaines et 6 dizaines font 8 dizaines, et écrivez 8 au-dessous des autres dizaines. Vous avez maintenant, au-dessous de la barre, comme ci-dessus à droite, le nombre 87, c'est-à-dire autant de dizaines et autant d'unités, qu'il y en a dans 24 et 63 réunis. C'est donc 87 œufs que vous avez dans votre panier. Voilà ce qu'on appelle faire une *Addition* (¹).

Cherchez, par une addition semblable, la réponse aux questions suivantes :

7. Combien y a-t-il de dragées dans une boîte, où votre parrain en a mis 31, et votre marraine, 45 ?

8. Combien un voyageur a-t-il fait de lieues en deux voyages, dont le 1er a été de 18, et le 2e, 51 ?

9. Quelle est la perte totale d'un joueur qui a perdu 64 francs dans une partie, et 13 dans une autre?

---

(1) Une *Addition* est donc une opération par laquelle on réunit plusieurs nombres d'objets de même espèce, en un seul nombre que l'on appelle *somme* ou *total*. Dans cet exemple-ci, les nombres de même espèce qu'on a réunis sont 24 œufs et 63 œufs ; la somme est 87 œufs.

Pour exprimer que deux nombres doivent être additionnés ensemble, on est convenu de placer entre eux le signe +. Par conséquent on écrirait, dans l'exemple ci-dessus : 24 + 63. On est encore convenu que le signe = veut dire *égal à*. Ainsi, pour exprimer que la somme de 24 et 63 égale 87, on écrirait : 24 + 60 = 87.

10. Combien de moutons renferme un troupeau, dont une portion se compose de 22, et l'autre de 34?

11. Combien de pages avez-vous lues en deux jours, si le premier jour vous en avez lu 27, et 41 le second?

12. Votre sœur a 27 noix, et vous en avez 42. Combien en auriez-vous, si votre sœur vous donnait les siennes?

13. Combien d'enfants ont fait, hier, leur 1re communion? Il y avait 32 petits garçons et 51 petites filles.

14. Charlotte a ramassé 62 châtaignes, et Julie, 37. Combien en ont-elles, à elles deux?

15. Il a fallu 64 tuiles neuves pour notre buanderie, et 26 pour le hangar. Combien en avons-nous à payer?

16. Vous voici à copier deux exemples d'écriture, dont le 1er contient 45 mots, et le 2e, 33. Combien avez-vous de mots à écrire?

Un homme vient d'acheter deux chevaux, pour 1214 francs; un cabriolet, pour 302; des harnais, pour 53. Il vous demande à combien monte sa dépense totale : c'est encore une addition à faire.

Commencez par écrire la 1re somme, 1214; placez la 2e, 302, au-dessous de la 1re, et la 3e, 53, au-dessous de la 2e, toujours de façon que les unités des trois nombres soient les unes au-dessous des autres, puis les dizaines de même, et les centaines aussi (1). Soulignez, et voilà votre règle posée.

1214	1214
302	302
53	53
——	——
	1569

---

(1) Quand on a trop de nombres à additionner, il est bon de tracer, au crayon, des lignes verticales sur chacune desquelles on place les unités de même ordre; autrement on s'expose à confondre les dizaines avec les centaines, etc. On peut aussi couper en deux ou trois, par un petit trait horisontal, une suite trop longue de nombres, et, après avoir additionné séparément chaque série, mettre à côté la somme particulière. On additionne ensuite toutes ces sommes partielles pour avoir le total général.

Maintenant additionnez ensemble les trois chiffres d'unités, en disant : 4 et 2 font 6, 6 et 3 font 9 : ce sont 9 unités que vous avez à écrire sous la colonne des unités. Additionnez de même les dizaines ; comme il n'y en a pas dans le 2° nombre, passez du 1er au 3°, et dites : 1 et 5 font 6, et écrivez 6 sous la colonne des dizaines. L'addition des centaines vous donne, à son tour, 5 centaines, que vous écrivez à leur place. Enfin, n'ayant qu'un mille en tout, vous vous bornez à abaisser 1 sous la barre, à gauche des centaines, et vous avez, pour total de la dépense : 1569 francs.

Cherchez, par une addition semblable, la réponse aux questions suivantes :

17. Combien en tout a-t-on cueilli de pommes sur un arbre, où l'on en a pris, la 1re fois, 304 ; la 2°, 1082 ; la 3°, 413 ?

18. Combien y a-t-il de feuillets dans trois volumes, dont le 1er en a 560 ; le 2° 423 ; le 3° 1102 ?

19. Combien quatre carrés de jardin renferment-ils de laitues. Le 1er en a 334 ; le 2°, 61 ; le 3°, 1000 ; le 4°, 502.

20. A combien montent toutes les heures de travail d'une ouvrière qui a travaillé : le 1er jour, 10 heures ; le 2°, 4 ; le 3°, 10 ; le 4°. 3 ; le 5°, 12 ?

21. Combien y a-t-il de boisseaux de froment dans un grenier, où l'on en a mis d'abord 31 boisseaux ; plus tard, 404 ; puis, 60, et enfin, 1203 ?

22. Une même église réunit 302 habitants d'une paroisse, 286 d'une seconde, 1200 de plusieurs autres. Combien y a-t-il de personnes dans cette église ?

23. Il se dépense chaque année, dans une maison, pour 525 francs de pain, 1023 francs de viande et de vin, 1000 francs de légumes, lait et épiceries ; le loyer est de 1300 francs ; le chauffage, l'éclairage, etc. coûtent 1150 francs. Quel est le montant de toutes ces dépenses ?

24. Trois navires sont partis de France chargés de vin : le 1er emporte 200 barriques ; le 2°, 472 ; le 3°, 105. Combien tout cela fait-il de barriques ?

25. Un propriétaire récolte pour 1430 fr. de blé ; il reçoit 1100 fr. de ferme ; il vend pour 2000 fr. de bestiaux, et pour 360 fr. de beurre. Quel est son revenu annuel ?

26. Quel est le prix total de trois pièces de terre, qui coûtent : la 1re, 374 fr. ; la 2°, 402 fr. ; la 3°, 1013 fr. ?

On vous doit 1558 francs d'une part, 96 d'une autre, enfin, 882 d'une 3° part, et vous voudriez savoir combien il vous est dû en tout. Encore une addition. Commencez par écrire les trois sommes, unités sous unités, dizaines sous dizaines, et ainsi de suite ; puis soulignez.

1558	1558
96	96
882	882
	2536

La règle posée, additionnez les unités, en disant : 8 et 6 font 14 ; 14 et 2 font 16. Comme, en 16 unités, il y a une dizaine et six unités, réservez la dizaine, et n'écrivez que 6 au-dessous des unités, en disant : Je pose 6 et retiens 1. Passant ensuite aux dizaines, commencez par celle que vous avez retenue du produit des unités, et dites : 1 et 5 font 6, 6 et 9 font 15, 15 et 8 font 23. En 23 dizaines il y a 2 centaines et 3 dizaines ; posez 3 au-dessous des dizaines, et retenez les 2 centaines. Additionnez, à leur tour, les centaines, en commençant par dire : 2 et 5 font 7, puis 7 et 8 font 15. Ces 15 centaines forment 1 mille et 5 centaines. Vous ne posez que 5 sous les centaines, et, réunissant le mille à celui que vous avez dans la 1re somme, vous dites : 1 et 1 font 2, et vous posez 2. Ce qui donne, pour total de ce qui vous est dû : 2536 francs.

Cherchez, par une addition semblable, la réponse aux questions suivantes :

27. Combien coûtent ensemble trois lits : le 1er de 133 francs ; le 2e, de 85 ; le 3e, de 72 ?

28. Combien y a-t-il de mètres de calicot dans cinq pièces, dont la 1re a 25 mètres ; la 2e, 42 ; la 3e, 18 ; la 4e, 51 ; la 5e, 33 ?

29. Votre papa a 43 ans ; votre maman en a 38 ; votre frère, 15 ; votre sœur, 13, et vous, 11. Dites combien tous ces âges réunis font d'années.

30. Cherchez combien vous devez à un homme qui vous a vendu six objets : une pièce de vin, 52 francs ; une maison, 716 francs ; un champ, 1050 ; une charrette, 95 ; un cheval, 142 ; enfin une pelle, 8 francs.

31. Sur un arbre il reste encore 264 fruits ; cependant on en a cueilli 507, et il en est tombé 94. Dites combien il y en avait sur l'arbre, avant qu'on en eût cueilli et qu'il en fût tombé.

32. Une pépinière contient 523 pêchers, 265 cerisiers, 829 poiriers. Combien d'arbres en tout ?

33. Juliette est née en 1845. En quelle année aura-t-elle 39 ans ?

34. Une maison coûte 28963 fr. Combien faut-il la revendre, pour gagner 1458 fr. ?

35. Combien y a-t-il d'élèves dans un collége partagé en quatre divisions : la 1re, de 72 élèves ; la 2e, de 83 ; la 3e, de 102 ; la 4e, de 68 ?

36. Une personne a légué 4590 fr. pour l'église ; 5855 fr. pour les pauvres ; 15876 fr. pour autres bonnes œuvres. Quelle est la totalité de ces différents legs ?

Il arrive souvent qu'on se trompe en faisant une règle. Avant donc d'en admettre le résultat comme exact, il faut s'assurer qu'il n'y a pas erreur : c'est ce qu'on appelle *faire la preuve* de sa règle.

Pour reconnaître s'il y a une erreur dans une addition, le moyen le plus simple est de la refaire sur les mêmes chiffres, mais en allant, cette fois, de bas en haut, et non plus de haut en bas, pour additionner chaque colonne. Comme, en opérant ainsi, les chiffres se présentent dans un ordre différent, il est presque impossible que, si l'on s'est trompé la 1re fois, on se trompe encore la 2e, et précisément dans la même colonne et de la même quantité, de manière à ne pas s'apercevoir de l'erreur. Par conséquent, si l'on trouve le même total, on peut en conclure qu'il est exact.

Soit donc qu'on ait pêché 32 carpes, 9 brochets et 86 autres poissons, et qu'on veuille savoir combien tout cela fait de pièces, on additionnera ainsi qu'il suit :

$$\begin{array}{r} 32 \\ 9 \\ 86 \\ \hline 127 \end{array}$$

La règle ainsi faite, on en fera la preuve en disant, non plus : 2 et 9 font 11, 11 et 6 font 17 ; mais : 6 et 9 font 15, 15 et 2 font 17 ; on pose 7, et on retient 1 ; puis on continue : 1 et 8 font 9, 9 et 3 font 12 ; on pose 2 et on avance 1. D'une façon comme de l'autre, le total est le même. On peut en conclure qu'il est exact.

37. *Refaites les additions proposées dans les Exercices, du N° 7 au N° 36, et, après chacune d'elles, faites-en la preuve.*

CHAPITRE SECOND.

Soustraction.

Nous avions 446 mètres de calicot, et nous en avons vendu 134. Combien nous en reste-t-il?

Pour le savoir, écrivez d'abord 446 ; et, au dessous de 446, écrivez 134, unités sous unités, dizaines sous dizaines, etc., comme si vous vouliez faire une addition ; puis tirez une barre au-dessous. La règle est posée ci-dessous à gauche.

$$
\begin{array}{r}
446 \\
134 \\
\hline
\end{array}
\qquad
\begin{array}{r}
446 \\
134 \\
\hline
312
\end{array}
$$

Maintenant, dites : si, des 6 unités de mètre que nous avions, je retranche les 4 que nous avons vendues, il nous en reste 2 ; j'écris 2 de reste, au-dessous des autres unités. Passant aux dizaines, je dis : si de nos 4 dizaines de mètres, je retranche les 3 que nous n'avons plus, il en reste 1 ; j'écris 1 au-dessous des dizaines. Enfin, venant aux centaines, je dis : si de nos 4 centaines, je retranche la centaine vendue, il en reste 3 que j'écris au-dessous des centaines. Il nous reste donc 3 centaines de mètres, 1 dizaine de mètres et 2 mètres, c'est-à-dire 312 mètres. Cette opération s'appelle une *Soustraction* (¹).

Cherchez, par une soustraction semblable, la réponse aux questions suivantes :

38. Un homme vous devait 628 francs, et il vous en a payé 314. Combien vous doit-il encore ?

39. Un condamné avait à faire 266 jours de prison, et il en a fait 125. Combien lui en reste-t-il à faire ?

40. Il y a, dans un livre, 382 pages, et vous en avez lu 61. Combien en avez-vous encore à lire, pour achever ce livre ?

41. Mathusalem a vécu 969 ans, et vous, vous n'en avez que 12. Combien s'en faut-il que vous soyez aussi âgée que l'était ce patriarche au moment de sa mort.

42. Une pauvre femme portait au marché 384 noix ; le sac était percé, et il en est tombé 122 noix, le long du chemin. Combien en reste-t-il dans le sac ?

43. Le troisième âge du monde renferme 430 ans, et le quatrième, 486 ans. De combien d'années ce dernier a-t-il été plus long que le troisième ?

44. Julie a, dans son jardin, deux cerisiers : l'un a porté 5942 cerises, l'autre 2830. Combien le premier en a-t-il eues plus que l'autre ?

45. Paris est éloigné de Naples de 1783 kilomètres, et de Rome, de 1532. De combien de kil. cette dernière ville est-elle plus près de Paris ?

---

(1) Une *Soustraction* est donc une opération par laquelle on retranche un nombre d'un autre de même espèce, comme dans cet exemple : 134 mètres de 446 mètres. Ici, le résultat, 312 mètres, se nomme *reste*. Dans d'autres cas, tels que celui du problème 41, on l'appelle *différence*, et dans le cas du problème 43, il se nomme *excès* ; mais tous ces mots ne changent rien à la chose.

Pour exprimer qu'un nombre doit être soustrait d'un autre, on est convenu d'écrire le plus fort le premier, et de le séparer du second par le signe —. Ainsi, dans l'exemple ci-dessus, on écrirait : 446 — 134, pour dire que 134 doit être retranché de 446, et, pour exprimer le résultat de la soustraction, on écrirait : 446 — 134 = 312.

46. Une écaillère a vendu, la semaine dernière, 4967 huîtres, et, cette semaine, elle n'en a vendu que 2622. Combien en a-t-elle vendues plus la semaine dernière que celle-ci?

47. Pauline a appris 386 vers, et Anna, 252. Combien Pauline en a-t-elle appris plus qu'Anna?

Sur 542 chênes, qu'il y avait dans un bois, on en a abattu 78, et l'on vous demande combien il en reste debout. C'est une soustraction à faire. Commencez donc par poser votre règle, en écrivant le moindre nombre sous le plus grand, comme ci-dessous :

$$\begin{array}{r} 542 \\ 78 \\ \hline \end{array} \qquad \begin{array}{r} 542 \\ 78 \\ \hline 464 \end{array}$$

Mais comment allez-vous faire? Il n'y a, dans le nombre supérieur, que 2 unités, et vous devez en retrancher 8; que 4 dizaines, et vous devez en retrancher 7. Pour vous rendre compte de ce que nous allons faire, figurez-vous que les trois chiffres du nombre supérieur sont trois personnes dont la 1ʳᵉ a 2 unités; la 2ᵉ, 4 dizaines; la 3ᵉ, 5 cents. Figurez-vous, de même, que les deux chiffres du nombre inférieur sont deux voleurs, dont le 1ᵉʳ veut 8 unités, et le 2ᵉ, 7 dizaines. Le 1ᵉʳ voleur se présente à la personne qui possède des unités, et lui en demande 8. Celle-ci, qui n'en a que 2, ne trouve moyen de le satisfaire qu'en allant emprunter une dizaine à sa voisine; puis faisant, comme on dit, *monnaie de la pièce*, elle change cette dizaine en dix unités. Elle se trouve donc alors avoir, non plus 2 unités seulement, mais 12; et, après avoir donné au voleur les 8 qu'il exige, il lui en reste 4. A son tour, le 2ᵉ voleur s'adresse à la propriétaire des dizaines, et lui en demande 7. Celle-ci n'en a plus que 3, puisque, de 4 qu'elle avait, elle en a prêté une; elle se trouve donc dans le même embarras que la 1re, et est obligée d'aller elle-même emprunter, à sa voisine de gauche, une centaine dont elle fait dix dizaines. Ces dizaines, réunies aux 3 qu'elle avait, lui en font 13, sur lesquelles elle en donne 7 au voleur, et en conserve 6. La 3e personne, quoique les voleurs ne lui aient rien pris, se trouve appauvrie du cent qu'elle a prêté, et, par conséquent, n'en a plus que 4.

Voici comment s'énonce cette sorte de soustraction : Retrancher 8 de 2 ne se peut, ou, plus brièvement : 8 de 2 ne se peut ; j'emprunte 1 qui vaut 10 ; 10 et 2 font 12 ; 8 retranchés de 12, il reste 4, ou, plus brièvement : 8 de 12, reste 4 ; je pose 4. 7 de 3 ne se peut, j'emprunte 1 qui vaut 10 ; 10 et 3 font 13 ; 7 de 13, reste 6 ; je pose 6. 0 de 4 reste 4 ; je pose 4. Le reste total, 464, vous dit combien il reste de chênes à abattre ([1]).

Cherchez, par une soustraction semblable, la réponse aux questions suivantes :

48. Un fermier devait, pour sa ferme ; 1540 francs : il n'a pu donner au propriétaire que 950 francs. Combien lui redoit-il ?

49. Le 1er âge du monde renferme 1625 ans, et le 2e, 427. De combien d'années le 1er a-t-il été plus long que le 2e ?

50. Clovis fut baptisé en 496, et nous sommes en 1853. Dites combien d'années se sont écoulées depuis cet événement.

51. Il y a, dans une barque, 551 poissons, et, dans une autre, 493. Dites combien la 1re en contient plus que la 2e.

52. Les dons faits à l'*Œuvre de la Sainte-Enfance* avaient monté, en 1850, à 29549 francs ; ceux de 1851, se sont élevés à 38612 fr. Combien, en 1851, l'Œuvre a-t-elle reçu de plus que l'année précédente ?

53. Dans une fabrique de tuiles, il y en avait 82722, et l'on en a vendu 49872. Dites combien il doit en rester.

([1]) Si l'on craint d'oublier qu'on a fait un emprunt sur un chiffre, on peut le marquer d'un point, au moment où on lui emprunte.

54. Vos frères ont ramassé, dans leur promenade, 811 noisettes, et votre sœur en a ramassé 543. Dites combien elle en a de moins que vos frères.

55. Thérèse a 212 bons-points. Combien en a-t-elle plus que Lucie, qui n'en a que 146 ?

56. Un navire avait 3420 lieues à faire ; il en a fait 1650. Dites combien il lui en reste à faire.

57. La population d'une ville était de 11840 habitants ; elle a été réduite, par le choléra, à 9970. Quel a été le nombre des victimes de ce fléau ?

Un jardinier avait planté 300 arbres ; mais la chaleur en a fait périr 126. Combien lui en reste-t-il ? Voilà encore une soustraction ; mais celle-ci va vous offrir une difficulté que vous n'avez pas encore rencontrée. Posez votre règle.

$$
\begin{array}{c}
300 \\
126 \\
\hline
\end{array}
\qquad
\begin{array}{c}
300 \\
126 \\
\hline
174
\end{array}
$$

La personne à qui l'on demande 6 unités, n'en ayant pas même une, demande à sa voisine de gauche de lui prêter une dizaine. Mais celle-ci n'a rien à prêter : que fera-t-elle ? Pour obliger son emprunteuse, elle va elle-même emprunter, à sa voisine de gauche, une centaine, dont elle fait 10 dizaines ; puis, comme la voisine de droite ne lui en demande qu'une, elle en garde 9 par devers elle, et ne prête que la dizaine dont l'autre a besoin. Cette dizaine étant, par celle-ci, changée en 10 unités, vous pouvez dire : 6 de 10, reste 4. Rappelez-vous maintenant que la personne qui n'avait pas de dizaines, en a emprunté 10, dont elle a gardé 9 ; ainsi, au lieu de dire : 2 de 0 ne se peut, dites : 2 de 9, reste 7. Rappelez-vous aussi que 3 a été diminué de 1, par le prêt qu'il a fait, et dites : 1 de 2, reste 1.

Voici comment peut s'énoncer cette opération : 6 de 0 ne se peut ; j'emprunte (*sur* 3) 1 qui vaut 10 ; je laisse (*sur* 0 *des dizaines*) 9 , et retiens 1 qui vaut 10 ; 6 de 10, reste 4 ; je pose 4.   2 de 9 , reste 7 ; je pose 7.   1 de 2, reste 1 ; je pose 1. Le reste total, 174 , indique combien il reste d'arbres à votre jardinier.

Cherchez , par une soustraction semblable , la réponse aux questions suivantes :

58. La dépense , pour la construction d'une maison, s'est élevée, tous frais compris , à 40070 francs ; le propriétaire a vendu cette maison 39980 francs. Combien a-t-il perdu ?

59. Combien Rome, qui a 165000 habitants , en a-t-elle de moins que Paris , qui en a 1200000 ?

60. Un meunier a , dans son moulin , 300705 kilogrammes de farine , et un autre en a 255840. Dites combien l'un en a plus que l'autre.

61. Le cours de la Loire est d'environ 1000 kilom. ; celui de la Garonne est de 497 kilom. Combien le cours de la Loire est-il plus long que celui de la Garonne ?

62. Une armée était composée de 30800 hommes ; 26906 seulement étaient vivants après le combat. Dites-nous combien y ont péri.

63. Il y avait dans un panier 1003 amandes ; on en a vendu 985. Combien en reste-t-il ?

64. Si vous retranchez 43604711 grains de blé de 9007800050, quel nombre vous restera-t-il ?

65. Il y a , dans une ville , 3010 pauvres ; plusieurs personnes charitables sont parvenues à réunir 2792 francs. Quelle somme faudrait-il encore , pour que chaque pauvre reçût un franc ?

66. Dites-nous combien il s'est écoulé d'années , entre la dédieace du temple de Salomon et la ruine du royaume d'Israël, qui arrivèrent , la 1re l'an 1005 , et la seconde l'an 718, avant Jésus-Christ.

67. Il y avait, dans une grange , 12000 kilog. de foin ; un incendie en a brûlé 1065 kil. Combien en est-il resté ?

Vous aviez acheté 2406 épingles, et vous en avez donné 1258. Pour savoir ce qui vous en reste, vous avez fait la soustraction ci-dessous.

$$
\begin{array}{r}
2406 \\
1258 \\
\hline
1148
\end{array}
$$

Maintenant, vous voudriez faire la preuve de votre règle. Pour cela, additionnez, de bas en haut, le reste 1148 avec le nombre inférieur 1258, et, si votre soustraction a été bien faite, vous trouverez, pour total de l'addition, le nombre supérieur 2406. La chose est facile à comprendre : en effet, 1258 est ce qu'on a pris du nombre supérieur, et 1148 est ce qui lui reste ; si maintenant on réunit ce qui lui reste à ce qu'on lui a enlevé, il sera juste aussi riche qu'avant qu'on lui eût rien pris.

68. *Refaites, avec leur preuve, les soustractions du N° 58 au N° 68.*

CHAPITRE TROISIÈME.

Multiplication.

Nous sommes 4, et chacune de nous a mis 6 fèves dans une boîte, ou, ce qui revient au même, une seule d'entre nous y a mis 4 fois 6 fèves. Combien y a-t-il de fèves dans cette boîte?

Il y a deux moyens de le savoir : le premier est d'additionner les quantités qui ont été mises dans la boîte, à chacune des 4 fois, c'est-à-dire de répéter 4 fois le nombre 6 :

$$
\begin{array}{r}
6 \\
6 \\
6 \\
6 \\
\hline
24
\end{array}
$$

Mais, si, au lieu de mettre seulement 4 fois 6 fèves, une de nous en eut mis 200 fois 6, voyez comme ce serait long d'écrire 200 fois 6, et d'en faire l'addition. L'Arithmétique vous apprendra une règle beaucoup plus courte pour faire ce calcul, et bien d'autres plus intéressants ; mais, auparavant, il faut que vous sachiez vous servir du tableau suivant.

1	2	3	4	5	6	7	8	9	10
2	4	6	8	10	12	14	16	18	20
3	6	9	12	15	18	21	24	27	30
4	8	12	16	20	24	28	32	36	40
5	10	15	20	25	30	35	40	45	50
6	12	18	24	30	36	42	48	54	60
7	14	21	28	35	42	49	56	63	70
8	16	24	32	40	48	56	64	72	80
9	18	27	36	45	54	63	72	81	90
10	20	30	40	50	60	70	80	90	100

Vous voulez savoir, par exemple, combien font 2 fois 3. Cherchez 2 sur la 1re colonne de gauche ; ensuite cherchez 3, sur la 1re ligne d'en haut ; puis, descendez tout droit, jusqu'à ce que vous arriviez vis-à-vis le 2 qui est sur la gauche. A ce point, vous trouvez 6 ; eh bien ! c'est que 2 fois 3 font 6.

Autre exemple : vous voulez savoir combien font 6 fois 8. Cherchez 6 dans la colonne de gauche, et 8 dans la ligne d'en haut ; puis descendez jusque vis-à-vis 6 ; là vous trouverez 48 ; et, en effet, 6 fois 8 font 48.

Ce n'est pas assez de savoir se servir ainsi du tableau ; il faut le connaître assez bien pour pouvoir s'en passer, et dire tout de suite, de mémoire, combien font, par exemple :

6 fois 7, 8 fois 5, etc., jusqu'à 9 fois 9 [1]. Tous ces petits calculs s'appellent des *multiplications* [2].

Dans toute multiplication, il y a deux nombres, que l'on appelle les *facteurs* : l'un qui doit être multiplié, c'est-à-dire répété un certain nombre de fois ; on l'appelle *multiplicande ;* l'autre qui marque combien de fois le premier doit être répété : on le nomme *multiplicateur.* Ainsi, dans notre exemple où l'une de nous a mis 4 fois 6 fèves, 6 est le multiplicande, car il doit être répété 4 fois ; 4 est le multiplicateur, car il exprime le nombre de fois que 6 doit être répété.

Pour poser cette multiplication, je commence par écrire le multiplicande 6 ; puis je place au-dessous le multiplicateur 4, comme si je voulais faire une addition ou une soustraction, et je souligne le tout.

$$
\begin{array}{c}
6 \\
4 \\
\hline
\end{array}
\qquad\qquad
\begin{array}{c}
6 \\
4 \\
\hline
24
\end{array}
$$

Ensuite je dis : 4 fois 6 font 24, et j'écris 24 au-dessous de la barre : le 4 sous les unités, et le 2 à sa gauche, parce que ce 2 exprime des dizaines. Je trouve donc qu'il doit y avoir 24 fèves, dans la boîte où nous en avons mis 4 fois 6. Ce résultat d'une multiplication se nomme le *produit.*

---

(1) Toutes les fois que 9 est un des deux nombres, il suffit de retrancher 1 à l'autre nombre, et de mettre à la suite du reste, un chiffre qui, avec ce reste, fasse 9. Ainsi, pour savoir ce que donneront 8 fois 9, au lieu de 8, je mets 7, et, à la suite du 7, j'ajoute 2, ce qui me donne 72.

(2) Une *multiplication* est, comme on voit, une opération qui a pour but de savoir ce que produira un certain nombre, si on le répète autant de fois qu'il y a d'unités dans un autre nombre.

Pour exprimer que deux nombres doivent être multipliés l'un par l'autre, on place entre eux le signe ×. Ainsi, dans l'exemple des fèves, on écrirait : 6 × 4 = 24.

Cherchez , par une multiplication semblable ; la réponse aux questions suivantes :

69. L'autre jour, à la promenade , Marie a rencontré 3 petits pauvres ; elle leur a donné tout ce qu'elle avait d'argent, et chaque enfant a eu 7 sous. Combien Marie en avait-elle ?

70. Combien ont coûté 8 mètres de toile à 4 fr. le mètre ?

71. Combien a fait de lieues un voyageur, qui a marché pendant 6 jours , faisant 6 lieues par jour ?

72. Combien y a-t-il de douzaines d'œufs dans 9 paniers, si chaque panier en contient 4 douzaines ?

73. Si , pendant les 5 jours de classe d'une semaine, vous obtenez, chaque jour, 8 bons-points ; combien en aurez-vous , à la fin de la semaine ?

74. Maurice a déniché 7 nids, dans chacun desquels il y avait 6 œufs. Dites-nous quel nombre d'œufs doit avoir Maurice.

Trois conscrits , avant de tirer au sort , ont fait une bourse commune , dans laquelle chacun a versé 232 francs. Que contient cette bourse ? Evidemment elle contient 3 fois 232 francs ; il s'agit donc de multiplier 232 par 3. Pour cela, écrivez le multiplicande 232 , et , au-dessous des unités de ce nombre , mettez le multiplicateur 3 ; puis soulignez.

$$
\begin{array}{r} 232 \\ 3 \\ \hline \end{array}
\qquad
\begin{array}{r} 232 \\ 3 \\ \hline 696 \end{array}
$$

Maintenant remarquez que la somme de 232 francs , versée par chaque conscrit , renferme 2 unités , 3 dizaines, et 2 centaines, en sorte que c'est comme si les trois conscrits avaient mis : d'abord chacun 2 francs , puis chacun 3 dizaines de francs , et enfin chacun 2 centaines de francs. Vous avez donc à chercher, successivement et séparément, combien font 3 fois 2 francs , 3 fois 3 dizaines de francs , et 3 fois 2 centaines de francs ; vous réunirez ensuite ces trois produits partiels , et vous aurez le produit total.

2*

Vous dites d'abord : 3 fois 2 unités font 6 unités, et vous posez 6 au-dessous des unités. Vous dites de même : 3 fois 3 dizaines font 9 dizaines, et vous posez 9 au-dessous des dizaines, par conséquent, à gauche du 6 qui exprime les unités. Enfin vous dites : 3 fois 2 cents font 6 cents, vous posez 6 au-dessous des centaines, à gauche des dizaines. Vous avez donc, pour produit des centaines, 6 cents; pour celui des dizaines, 9 dizaines; pour celui des unités, 6 fr.; ce qui vous donne 696 francs, pour le contenu total de la bourse des conscrits.

Cherchez, par une multiplication semblable, la réponse aux questions suivantes :

75. 4 pièces de galon contiennent chacune 121 mètres. Si vous les cousez l'une à l'autre, combien aurez-vous de mètres ?

76. Un jardinier a 3 carrés de laitues, dans chacun desquels il y en a 131 ; il vous prie de lui dire combien il a de laitues en tout.

77. Dites-nous combien il y a de pastilles dans 2 boîtes, qui en renferment chacune 2341.

78. Quatre caisses de 212 kil. chacune ont été chargées sur une voiture. Quel est le poids total de ce chargement?

79. Dites-nous combien il y a de pieds d'arbres dans un bois, partagé en 3 coupes, dont chacune comprend 1332 arbres.

80. Combien a-t-on payé pour 1122 mètres de toile qui coûte 4 francs le mètre?

81. Un boulanger a vendu 3142 kil. de pain, en janvier, et autant en février. Combien en a-t-il vendus dans ces deux mois ?

82. Si 4 pommiers ont chacun 2121 pommes, combien aurez-vous de pommes, dans la récolte réunie des 4 pommiers?

83. A combien s'élève le produit de 2 quêtes, qui ont donné chacune 241 francs ?

84. Dites-nous le produit de 33233 multiplié par 3 (1).

---

(1) Quand l'espèce des objets désignés par un nombre, n'est pas indiquée, on dit que ce nombre est *abstrait ;* il est *concret*, quand l'espèce est indiquée, comme dans tous les problèmes précédents.

Trois bateaux ont pêché chacun 20302 sardines , et vous avez acheté toute leur pêche , c'est-à-dire 3 fois 20302 sardines. Combien en avez-vous en tout?

Commencez par poser votre multiplication :

20302
3

20302
3
—————
60906

Puis dites , à l'ordinaire : 3 fois 2 font 6 , je pose 6. Vous n'avez point de dizaines à multiplier ; par conséquent , bornez-vous à mettre un zéro , au produit , pour tenir la place des dizaines. Passez à la multiplication des centaines , et dites : 3 fois 3 font 9 , je pose 9. Comme il n'y a pas de mille , mettez un zéro à la place des mille , dans le produit, et , passant aux dizaines de mille , dites : 3 fois 2 font 6 , je pose 6. Vous avez , pour produit total , 60906 : c'est le nombre de vos sardines.

Cherchez , par une multiplication semblable , la réponse aux questions suivantes :

85. 4 cerisiers ont rapporté , l'un dans l'autre, 21022 cerises , que l'on a toutes réunies en un tas. Combien y en a-t-il dans le tout?

86. A combien s'élève la perte de 2 navires , évalués chacun à 30400 francs ?

87. Si, dans une ville de 40030 âmes , chaque habitant donnait une pièce de 2 francs, pour une bonne œuvre ; à quelle somme monterait cette aumône totale ?

88. Combien y a-t-il de noix dans 3 noyers, qui ont chacun 2003 noix ?

89. Quel nombre de poissons comprennent 4 pêches dont chacune a été de 102 ?

90. Quelle est la population totale d'une ville partagée en 3 quartiers, dont chacun a 1200 habitants?

91. Combien y a-t-il de haricots dans 2 sacs, qui en contiennent chacun 240030?

92. Vous savez que Rome est à 1500 kilomètres environ de Paris. Dites-nous combien de kilom. aura parcourus la personne qui fera 5 fois ce voyage.

93. Au bout de 4 semaines, combien aurez-vous lu de lignes, si vous en lisez 10221 par semaine?

94. Une personne charitable a partagé tous ses biens en 3 legs, chacun de 30002 fr. Quelle était sa fortune entière?

Six personnes ont acheté une grande quantité de pommes qu'elles se sont ensuite partagées; chacune en a eu 764, pour sa part. Dites-nous combien il y en avait en tout, et, pour cela, cherchez combien font 6 fois 764.

$$\begin{array}{cc} 764 & 764 \\ 6 & 6 \\ \hline & 4584 \end{array}$$

Votre règle posée, vous dites: 6 fois 4 font 24, je pose 4 sous les unités, et 2, à gauche, sous les dizaines. Passant aux dizaines, vous dites: 6 fois 6 font 36, et vous voudriez poser 6 à la place des dizaines; mais cette place est déjà occupée par 2 dizaines, provenant de la multiplication des unités. Que faire? 6 et 2 font 8; effacez le 2, et mettez un 8 à la place. Mais, pour éviter de barbouiller ainsi, mieux eut valu ne pas écrire d'abord les 2 dizaines, et se borner à les réserver, dans votre pensée, pour les joindre au produit des dizaines. Voici donc comme vous deviez faire cette multiplication: 6 fois 4 font 24, je pose 4, et retiens 2; 6 fois 6 font 36, et 2 de retenue font 38, je pose 8, et retiens 3, 6 fois 7 font 42, et 3 de retenue font 45, je pose 5, et avance 4.

Cherchez, par une multiplication semblable, la réponse aux questions suivantes :

95. Combien y avait-il de pommes de terre dans 4 charrettes, si chacune d'elles en portait 2934 ?

96. Combien contient de pages un ouvrage, qui a 6 volumes dont chacun est de 640 pages ?

97. Un navire est parti de France, il y a 8 mois. Combien a-t-il fait de kilom. s'il en a fait 5842 par mois ?

98. Si, dans une fabrique d'épingles, on fait par jour 26950 épingles, combien en fera-t-on en 5 jours ?

99. Une ouvrière met tous les jours 8 centimes à part, pour les pauvres. Rappelez-vous qu'il y a, dans un an, 365 jours, et dites-nous quel sera, à la fin de l'année, le total de la petite réserve.

100. 6 ouvriers font chacun 572 mètres d'ouvrage par an. Combien, au bout de l'année, ont-ils fait de mètres en tout?

101. Dans un verger, on a cueilli 5943 poires. Quelle serait la quantité de poires qu'on aurait, si l'on réunissait la récolte de 5 vergers de même rapport ?

102. Si, dans une ville, il se consomme 28740 kilog. de pain par jour, quelle sera la consommation de 7 jours ?

103. On a déjà travaillé pendant 712923 heures à la construction d'une église ; et l'on estime que 4 fois le même nombre d'heures devront suffire, pour qu'elle soit terminée. Dites-nous combien il faut encore d'heures de travail.

104. 8 familles dépensent, par an, chacune 1325 francs. Réunissez leurs dépenses partielles, et dites-nous quelle somme cela fait.

Un quêteur s'est adressé à 22 personnes, et a reçu de chacune d'elles 323 châtaignes. Quel est le produit de sa quête ? Il faut, pour pouvoir répondre à cette question,

savoir combien font 22 fois 323. Posez votre multiplication ,
unités sous unités, dizaines sous dizaines.

$$
\begin{array}{r}
323 \\
22 \\
\hline
\end{array}
\qquad
\begin{array}{r}
323 \\
22 \\
\hline
646 \\
646 \\
\hline
7106
\end{array}
$$

Avant de commencer cette opération , considérez que
le nombre 22 renferme 2 unités et 2 dizaines ; par conséquent, au lieu de multiplier tout d'un coup 323 par 22,
vous pouvez le multiplier d'abord par 2 unités , et ensuite
par 2 dizaines. En réunissant les deux produits , vous aurez
le produit total.

Faites la 1re multiplication partielle , c'est-à-dire la
multiplication de 323 par 2 unités , sans vous occuper de
l'autre , et vous trouverez , pour 1er produit partiel , 646.

Passez à la 2e multiplication , c'est-à-dire à la multiplication de 323 par 2 dizaines , et faites-la encore comme
l'autre. Vous direz donc : 2 fois 3 font 6 ; mais où allez-vous
poser ce 6? Quand vous avez multiplié par 2 unités , vous
avez eu 6 unités pour produit ; maintenant que vous multipliez par 2 dizaines , vous devez avoir un produit 10 fois plus
grand , et par conséquent votre 6 , au lieu d'exprimer des
unités , exprime des dizaines ; il doit donc être placé sous les
dizaines du 1er produit. La même raison fait que le 4 , produit de 2 fois 2 , doit se mettre sous les centaines , au lieu
d'être posé sous les dizaines. De même , le 6 , produit de
2 fois 3 , se met sous les mille.

Le second produit partiel est 646 , comme le 1er, et cela
doit être , puisque le multiplicande et le multiplicateur sont
les mêmes dans les deux cas ; mais ce 2e produit , par la po-

sition qu'on lui a donnée, en le reculant d'une place sur la gauche, vaut dix fois plus que le 1ᵉʳ produit, et cela doit être, puisque le chiffre, par lequel on a multiplié la 2ᵉ fois, avait lui-même une valeur dix fois plus grande que la 1ʳᵉ fois.

Il ne reste plus qu'à additionner les deux produits partiels, et vous aurez le produit total 7106, c'est-à-dire le montant de la quête.

Cherchez, par une multiplication semblable, la réponse aux questions suivantes :

105. 33 écoliers ont ramassé chacun 312 coquillages. Combien en ont-ils tous ensemble ?

106. Un navire porte 55 blocs de pierre, pesant chacun 165 kilog. Quel est le poids total de ce chargement ?

107. Un hospice entretient 88 pauvres, au prix moyen de 254 francs par an. A combien monte la dépense totale ?

108. Combien y a-t-il de pages dans 25 volumes de 486 pages chacun ?

109. Vous avez acheté 38 paquets d'aiguilles, et chaque paquet en contient 216. Combien avez-vous d'aiguilles ?

110. Un marchand de chevaux en a vendu 43, à 514 fr. l'un. Combien lui est-il dû ?

111. Des associés, au nombre de 67, ont mis chacun 1293 fr. dans la société. Quelle est la valeur de la masse commune ?

112. Dans une pièce de terre il y a 74 sillons, et, sur chaque sillon, vous voulez planter 138 choux. Combien vous faut-il de plants ?

113. Combien y a-t-il de lettres dans 92 pages, dont chacune en contient 1367 ?

114. Combien 79 années renferment-elles de jours, en les supposant toutes de 365 ?

Une armée a perdu 2364 chevaux qui, l'un dans l'autre, valaient 376 fr. chacun. Calculez à combien monte cette perte, et, pour cela, cherchez combien font 2364 fois 376 francs.

$$
\begin{array}{r}
376 \\
2364 \\
\hline
\end{array}
\qquad
\begin{array}{r}
376 \\
2364 \\
\hline
1504 \\
2256 \\
1128 \\
752 \\
\hline
888864
\end{array}
$$

La règle posée, vous voyez qu'il s'agit de multiplier 376 d'abord par 4, puis par 6 dizaines, ensuite par 3 cents, et enfin par 2 mille. Ce sont donc quatre multiplications à faire, et quatre produits partiels à chercher pour en former le produit total. De ces quatre produits, le 1er et le 2e se poseront comme dans la règle précédente, où l'on multipliait par 22. Le 3e devra être repoussé, sur la gauche, à une place de plus que le 2e, par la même raison qui fait repousser le 2e à une place de plus que le 1er. Le 4e, à son tour, devra reculer aussi d'une place à gauche.

Vous direz donc : 4 fois 6 font 24, je pose 4, et retiens 2 ; 4 fois 7 font 28, et 2 de retenue font 30, je pose 0, et retiens 3 ; 4 fois 3 font 12, et 3 de retenue font 15, je pose 5, et avance 1. Passant à la multiplication par les dizaines, vous dites : 6 fois 6 font 36, je pose 6 sous les dizaines, et retiens 3 ; 6 fois 7 font 42, et 3 de retenue font 45, je pose 5, et retiens 4 ; 6 fois 3 font 18, et 4 de retenue font 22, je pose 2 et avance 2. Arrivée à la multiplication par les centaines, vous dites : 3 fois 6 font 18, je pose 8 sous les centaines, et retiens 1 ; 3 fois 7 font 21, et 1 de retenue font 22, je pose 2 et retiens 2 ; 3 fois 3 font 9, et 2 de retenue font 11, je pose 1 et avance 1. A la multiplication par les mille, vous dites : 2 fois 6 font 12, je pose 2 sous les mille, et retiens 1 ; 2 fois 7 font 14, et 1 font 15, je pose 5 et retiens 1 ; 2 fois 3 font 6, et 1 font 7, je pose 7. L'addition faite, vous trouvez, pour produit total de vos quatre multiplications, et, par conséquent, pour montant de la perte proposée, 888864 fr.

Cherchez, par une multiplication semblable, la réponse aux questions suivantes :

115. Combien compte-t-on d'arbres, dans une plantation composée de 158 rangées, si chacune d'elles en contient 249 ?

116. Un fabricant a vendu, dans le courant d'une année, 1467 pièces de toile, qui contiennent, l'une dans l'autre, 39 mètres. Dites ce qu'il a vendu de mètres.

117. Il y a un pont sur lequel passent journellement 2798 personnes. Combien de personnes y passent, dans les 365 jours qui composent une année ?

118. Un navire transporte 2497 ballots de marchandises, pesant chacun 238 kilog. On demande quelle est la charge du navire.

119. Quelle est la quantité des sardines contenues dans 958 barils, si dans chacun il y en a 3672 ?

120. Il a été fourni 743 pièces de toile, longues chacune de 46 mètres. Quelle est la quantité de mètres fournis ?

121. A combien reviendront 636 pieds d'arbres, si chacun coûte 48 fr. ?

122. Un édifice a 238 croisées ; chaque croisée est de 28 carreaux. Combien y a-t-il de carreaux dans tout l'édifice ?

123. On désire connaître la quantité de litres d'avoine contenue dans 748 sacs, dont chacun contient 47 litres.

124. Un ouvrage est composé de 38 volumes ; chaque volume contient 627 pages ; chaque page, 49 lignes ; chaque ligne, 53 lettres. Combien y a-t-il de lettres dans l'ouvrage entier ?

Vous avez vu ailleurs qu'un zéro de plus, à la droite d'un nombre, le rend 10 fois plus fort; que deux zéros le rendent 100 fois, et trois zéros, 1000 fois plus fort; ainsi de suite. Trouvez, par ce moyen, le prix de 10 mètres d'une étoffe qui coûte 25 francs le mètre. Vous voyez qu'il s'agit de chercher ce que font 10 fois 25, ou, en d'autres termes, de rendre le nombre 25 dix fois plus fort qu'il n'est. Pour cela, il vous suffit d'ajouter 0 à la suite de 25, et 250 sera le prix de vos 25 mètres à 10 francs.

Cherchez, par une multiplication semblable, la réponse aux questions suivantes :

125. Pauline a 36 paquets de 10 bons-points chacun. Combien a-t-elle de bons-points en tout?

126. Annette fait 121 tours dans son bas, chaque jour. Combien en aura-t-elle faits en 10 jours?

127. Combien ont coûté 23 mètres cubes de charpente, à 100 fr. l'un?

128. Si 1000 moineaux mangent chacun 154 grains de blé dans un champ, à quel nombre de grains s'élève le dommage total?

129. Un hôpital a 8 corps de bâtiments, dans chacun desquels il y a 100 lits. Combien peut-il recevoir de malades?

Si chaque zéro de plus, à droite d'un nombre, rend ce nombre 10 fois plus fort; par la raison contraire, chaque zéro qu'on lui ôte, sur la droite, le rend 10 fois plus faible. Ce principe va vous servir à abréger la multiplication suivante:

Un navire a fait 4 voyages, chacun de 300 lieues. On vous demande combien il a fait de lieues en tout. Commencez par retrancher les deux zéros de 300, et bornez votre multiplication à dire : 4 fois 3 font 12, comme si chaque voyage n'eut été que de 3 lieues. Mais chacun de ces voyages a été de 300 lieues, c'est-à-dire de 100 fois plus; donc aussi le total des 4 voyages n'est pas 12 lieues seulement, mais 100 fois plus; donc il faut, pour avoir le vrai total, rendre 100 fois plus fort le nombre 12, en mettant deux zéros à sa droite. Vous aurez alors 1200, qui est le nombre exact des lieues faites par le navire, dans ses 4 voyages réunis.

Cherchez, par une multiplication semblable, la réponse aux questions suivantes :

130. On vient de vendre 21 sacs de noix; chaque sac en contenait 300. Combien y en avait-il en tout?

131. Combien contiennent de mètres 66 pièces de galon, si chaque pièce est de 30 mètres?

132. Combien y a-t-il de livres dans une bibliothèque, qui a 200 volumes, sur chacun de ses 17 rayons?

133. Une locomotive traîne, sur un chemin de fer, 17 wagons chargés chacun de 4000 kilogram. Quelle est la charge totale du train?

134. Combien de lignes a écrites un homme, qui, pendant 77 jours, en a écrit 280 chaque jour?

Combien coûtent 40 arbres, au prix moyen de 200 fr. l'un? Rendez dix fois plus petit le nombre 40, en lui ôtant son zéro, et cent fois plus petit le nombre 200, en lui en ôtant deux : voilà trois zéros retranchés. Maintenant dites : 4 fois 2 font 8. Mais le produit 8 est d'abord 10 fois trop petit, par suite du retranchement du zéro de 40; de plus, il est 100 autres fois trop petit, par le retranchement des deux zéros de 200; rendez-le donc d'abord 10 fois plus fort, en lui ajoutant un zéro, et vous aurez 80; puis, rendez-le encore 100 autres fois plus fort, en lui ajoutant deux autres zéros; et vous aurez 8000 fr., pour prix réel des 40 arbres.

Vous aviez retranché trois zéros aux deux nombres ensemble ; vous en avez ajouté trois au produit. C'est ainsi qu'il faut toujours ajouter au produit, autant de zéros que l'on en a retranché au multiplicande et au multiplicateur.

Cherchez, par une multiplication semblable, la réponse aux questions suivantes :

135. Combien doit-on payer pour 200 mètres de drap de Sédan, à 40 fr. le mètre ?

136. Quel est le prix de 400 milliers de foin, à raison de 30 fr, le millier ?

137. Un voyageur fait régulièrement 23000 mètres de chemin par jour. S'il marche 20 jours, combien fera-t-il de mètres ?

138. Un marchand a acheté 30 balles de laine, pesant chacune 130000 grammes. Quel est le poids total des 30 balles ?

139. 40 ouvriers ont scié, dans le courant d'un hiver, chacun 1200 stères de bois. Combien en ont-ils scié en totalité ?

140. Combien coûteront 90 chevaux, s'ils coûtent 500 fr. l'un ?

141. Une montre coûte 150 francs. Combien coûteront 100 montres ?

142. Une personne veut faire une aumône à 30 familles pauvres. Quelle somme déboursera-t-elle, si elle donne à chacune 300 francs ?

143. Si un are de terre coûte 20 francs, combien coûteront 400 ares ?

144. Dans une manufacture, on a fait, en un jour, 3000 mouchoirs. Combien en fera-t-on en 30 jours ?

Une manière fort simple de faire la preuve d'une multiplication, est de changer les facteurs l'un pour l'autre, c'est-à-dire de prendre le multiplicande pour le multiplicateur, et le multiplicateur pour le multiplicande. Il est évident que le produit sera le même, que je dise 4 fois 6, ou que je dise 6 fois 4.

Supposons donc qu'on vous ait demandé ce que coûtent, chaque année, 48 élèves dont la dépense annuelle est de

236 fr. Vous avez fait votre multiplication , et vous avez trouvé , pour produit , 11328 fr.

<table>
<tr><td>236</td><td>48</td></tr>
<tr><td>48</td><td>236</td></tr>
<tr><td>1888</td><td>288</td></tr>
<tr><td>944</td><td>144</td></tr>
<tr><td>11328</td><td>96</td></tr>
<tr><td></td><td>11328</td></tr>
</table>

Changez maintenant vos facteurs, et multipliez par 236. Vous devez trouver, et vous trouvez en effet le même produit 11328. Votre opération est donc juste.

Voici une autre manière de faire la preuve de cette même opération. On la nomme *preuve par 9.*

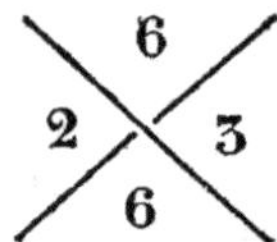

Commencez par faire une croix , comme ci-dessus. Puis, additionnez les 3 chiffres de votre 1er nombre , comme s'ils étaient les uns au-dessous des autres : 2 et 3 font 5 , 5 et 6 font 11 ; en 11 il y a 9 , et reste 2. Posez 2 , d'un côté de la croix. Additionnez de même l'autre nombre : 4 et 8 font 12 ; en 12 il y a 9 , et reste 3. Posez 3 de l'autre côté de la croix, vis-à-vis de 2. Multipliez ces deux restes l'un par l'autre , et posez le produit 6 , au-dessus de la croix. Faites maintenant , pour le produit 11328, ce que vous avez fait pour les deux autres nombres : 1 et 1 font 2 , 2 et 3 font 5 , 5 et 2 font 7 , 7 et 8 font 15 ; en 15 il y a 9 et reste 6 , je pose 6 au-dessous de la croix. La preuve que mon opération est bonne, c'est que, au-dessus et au-dessous de la croix, se trouve le même chiffre (¹).

Supposons un autre exemple :

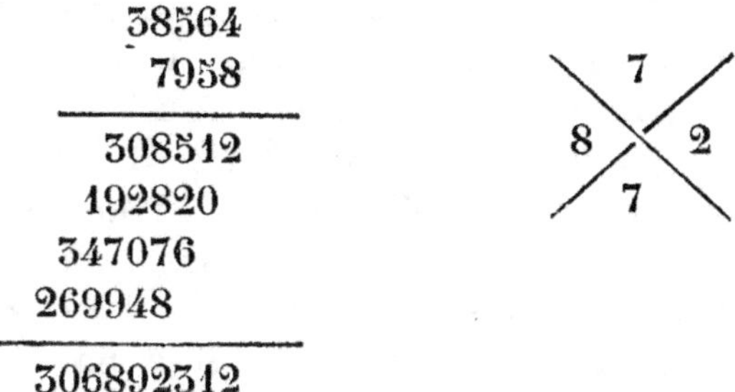

$$
\begin{array}{r}
38564 \\
7958 \\
\hline
308512 \\
192820 \\
347076 \\
269948 \\
\hline
306892312
\end{array}
$$

Additionnez les chiffres de votre 1ᵉʳ nombre, comme vous ayez fait précédemment ; et, toutes les fois que vous trou-

---

(1) Cette preuve est fondée sur deux principes. Le premier de ces principes est, qu'en additionnant tous les chiffres d'un nombre, comme s'ils étaient placés les uns sous les autres, et retranchant 9 toutes les fois qu'il s'y trouve, on n'a, pour reste, que le surplus des 9 contenus dans le nombre entier. Ce 1ᵉʳ principe est d'une vérification facile. Chaque dizaine renferme une unité de plus que 9, et il en est de même de chaque centaine, de chaque mille, etc. Donc, le chiffre qui marque le nombre des dizaines, marque en même temps les unités en sus de 9 qui se trouvent dans ces dizaines. Il en est de même des chiffres qui expriment le nombre des centaines, celui des mille, etc. Donc, en réunissant les chiffres des mille, des centaines, des dizaines et des unités simples, on est assuré d'avoir tous les surplus des 9 contenus dans tout le nombre. Si la réunion de ces surplus forme elle-même des 9, et qu'on les en retranche au fur et à mesure, on arrivera à n'avoir exactement que le surplus de tous les 9 contenus dans le nombre.

Le 2ᵉ principe de la preuve par 9 est que, si l'un des facteurs ne contient que des 9 sans rien de plus, le produit ne peut lui-même contenir que des 9. Ceci est évident ; car, supposé qu'on prenne ce nombre pour multiplicande, ce qu'on peut toujours faire, comme on vient de le voir, on aura beau le multiplier par tel nombre qu'on voudra, on ne fera que répéter des 9, et, par conséquent, le produit ne renfermera jamais que des 9. Si donc il y a, au produit, autre chose que des 9, cela provient uniquement de ce que, dans chacun des facteurs, il y avait un surplus, et que ces deux surplus, multipliés l'un par l'autre, ont donné autre chose que des 9. Reste donc à examiner ce que le produit partiel de ces deux surplus, peut lui-même contenir en sus de 9, et ce surplus, si l'opération est juste, devra se retrouver exactement dans le produit total.

verez 9 ou plus, laissez de côté ce 9, et ne gardez que le reste. Dites donc : 3 et 8 font 11 ; 9 de 11 reste 2 ; 2 et 5 font 7 et 6 font 13 ; 9 de 13, reste 4 ; 4 et 4 font 8. Posez 8 dans votre croix. Passant au 2ᵉ nombre, ne dites pas : 7 et 9, car, puisque vous seriez ensuite obligée de retrancher 9, mieux vaut le passer, et dire tout de suite : 7 et 5 font 12 ; 9 de 12, reste 3 ; 3 et 8 font 11 ; 9 de 11, reste 2. Posez 2 dans votre croix, et multipliez 8 par 2. Pour produit vous avez 16 ; dites : 9 de 16, reste 7, et posez 7 au dessus de la croix. Maintenant, pour être assurée que votre règle est juste, il faut trouver 7 de reste en additionnant votre produit, comme ci-dessus : 3 et 6 font 9 ; 9 de 9, reste 0 ; 8 et 2 font 10 ; 9 de 10, reste 1 ; 1 et 3 font 4 ; 4 et 1 font 5 ; 5 et 2 font 7. La règle est juste.

145. *Refaites toutes les multiplications indiquées, du N° 76 au N° 144, et, à la suite de chacune, faites sa preuve, d'abord en changeant les facteurs, puis au moyen de la croix.*

CHAPITRE QUATRIÈME.

Division.

Nous sommes 4, et nous avons 12 images à partager. Combien chacune en aura-t-elle? Que chacune de nous 4 en prenne d'abord une, et il en restera 8; que chacune de nous en prenne une 2ᵉ, et il en restera 4; enfin que chacune en prenne une 3ᵉ, et il ne restera rien. C'est là une première manière de faire notre partage.

Mais il serait fort long d'opérer de la sorte, si, au lieu de 12 images, nous en avions 500 à partager. Un moyen plus court est de chercher combien, en 12, il y a de fois 4; car, autant il y a de fois 4, autant nous aurons d'images, puisque nous avons droit d'en prendre une à chaque fois, comme nous avons fait tout à l'heure.

Cette opération s'appelle une *division* (¹). On nomme *dividende*, le nombre que l'on veut partager; *diviseur*, le nombre des copartageants; *quotient*, le nombre qui exprime

---

(1) Une *division* est donc une opération par laquelle on partage un nombre, en autant de portions égales qu'il y a d'unités dans un autre nombre, ou, ce qui revient au même, une opération par laquelle on cherche combien de fois un nombre est contenu dans un autre.

Pour exprimer qu'un nombre doit être divisé par un autre, on écrit d'abord le dividende, et, au-dessous de lui, on met le diviseur, en les séparant par un trait horisontal, ou bien, si on les écrit sur la même ligne, on les sépare par un trait vertical. Ainsi, dans l'exemple des images, on écrira $\frac{12}{4}$ ou $^{12}/_4 = 3$.

la part de chacun. Ainsi, dans l'exemple ci-dessus, 12 est le dividende, 4 est le diviseur, et 3 est le quotient.

Voyons un exemple plus difficile de division.

Trois enfants ont à partager un héritage de 6396 fr. Combien revient-il à chacun? Vous voyez qu'il s'agit de diviser 6396 par 3, ou, ce qui revient au même, ainsi que nous l'avons dit, de chercher combien de fois 3 est contenu dans 6396. Commencez par poser la règle, comme ci-dessous, c'est-à-dire écrivez d'abord le dividende 6396, et, à sa droite, écrivez le diviseur 3. Séparez-les par une ligne de haut en bas, et, de plus, soulignez le diviseur.

$$
\begin{array}{r|l}
6396 & 3 \\
\hline
\end{array}
\qquad
\begin{array}{r|l}
6396 & 3 \\
6000 & \overline{2000} \\
\hline
396 & 100 \\
300 & 30 \\
\hline
96 & 2 \\
90 & \overline{2132} \\
\hline
6 & \\
6 & \\
\hline
0 &
\end{array}
$$

Votre règle posée, examinez de quoi se compose la somme à partager. Elle se compose de 6 mille francs, de 3 cents francs, de 9 dizaines de francs, et de 6 francs.

Commencez par diviser les 6 mille, et dites pour cela : en 6 combien de fois 3? 2 fois; donc chacun des enfants aura 2 mille pour sa part. Écrivez ces 2 mille sous le diviseur : c'est le montant de chaque part dans les mille. Mais, si chacun des 3 copartageants prend 2 mille, les 3 ensemble prendront 6 mille; car 3 fois 2 ou 2 fois 3 font 6. Ces 6 mille ne sont donc plus à partager, et vous devez les retrancher du dividende général.

Cette soustraction faite, il vous reste à partager 396, c'est-à-dire 3 cents, 9 dizaines et 6 unités. Commencez par les 3 cents, et dites : en 3 combien de fois 3 ? 1 fois ; c'est donc 1 cent qu'aura chaque enfant. Écrivez ce cent, au-dessous des 2 mille que chacun a déjà pour sa part. Mais, si chacun des 3 copartageants prend 1 cent, les 3 ensemble en prendront 3 ; c'est donc 3 cents à retrancher du dividende 396.

Cette nouvelle soustraction réduit le dividende à 96, c'est-à-dire 9 dizaines et 6 unités. Divisez d'abord les 9 dizaines, et dites : en 9 combien de fois 3 ? 3 fois ; c'est donc 3 dizaines qu'il faut donner à chaque héritier. Écrivez ces 3 dizaines sous les mille et les cents que chacun d'eux a déjà obtenus. Mais, si chacun de ces 3 copartageants prend ainsi 3 dizaines, les 3 ensemble en prennent 9 ; c'est donc 9 dizaines à retrancher du dividende 96, qui se trouve, par là, réduit à 6 unités.

Vous divisez ces 6 unités, en disant : en 6 combien de fois 3 ? 2 fois. C'est 2 unités à joindre à la part de chacun. Mais, si chacun des 3 prend ainsi 2 unités, les 3 ensemble en prennent 6 ; c'est donc 6 unités à retrancher du dividende 6, ce qui ne laisse plus rien à diviser.

Maintenant, pour savoir le montant de la part de chaque enfant, il ne s'agit plus que d'additionner tous les quotients partiels, et vous aurez le quotient total 2132 francs.

Cherchez, par une division semblable, la réponse aux questions suivantes :

146. Combien mettrez-vous de jours à lire un livre qui contient 488 pages, si vous en lisez 4 par jour ?

147. 3 associés ont gagné 9699 francs. Quelle est la part de chacun ?

148. Une personne redevable de 9336 fr., doit payer cette somme en 3 termes. Combien donnera-t-elle à chaque fois ?

149. Une ouvrière a 248 mètres de tulle à broder. Si elle en brode 2 mètres par jour, en combien de jours aura-t-elle terminé son ouvrage ?

150. Une société a gagné 44884 fr. en 4 ans. Combien a-t-elle gagné chaque année ?

151. Quand le mètre d'une étoffe coûte 3 fr., combien en aura-t-on de mètres pour 3963 fr. ?

152. 5 ouvriers ont fait 555 mètres d'ouvrage. Combien chacun d'eux en a-t-il fait ?

153. Une ouvrière gagne 2 fr. par jour. Pendant combien de jours devra-t-elle travailler, pour gagner 2468 fr. ?

154. Un courrier a 69399 mètres à parcourir en 3 jours. Combien doit-il en parcourir par jour ?

155. Un voiturier a transporté 4 ballots pesant ensemble 488 kilog. Quel est le poids de chaque ballot ?

3 associés ont gagné, dans leur commerce, 7182 fr. Ils vous prient de leur dire quel est le bénéfice de chacun d'eux. Cherchez combien de fois 3 est contenu dans 7182, et, pour cela, posez ainsi votre règle :

7182	3		7182	3
			6000	2000
			1182	300
			900	90
			282	4
			270	2394
			012	
			12	
			00	

Puis, commençant, comme dans l'exemple précédent, par le partage des mille, dites : en 7 combien de fois 3 ?

2 fois; je pose 2 mille au quotient; 3 fois 2 font 6; je retranche 6 mille du dividende général, et il me reste à diviser 1182. Que faire du mille qui reste? Changez-le en centaines, et dites : en 11 combien de fois 3? 3 fois; je porte 3 cents au quotient; 3 fois 3 font 9; je retranche 9 cents du dividende 1182, et il reste à diviser 282. Que faire des 2 cents? Changez-les en dizaines, et dites : en 28 combien de fois 3? 9 fois; je porte 9 dizaines au quotient; 3 fois 9 font 27; je retranche 27 dizaines du dividende 282, et il reste à diviser 12. Que faire de la dizaine? Changez-la en unités, et dites : en 12 combien de fois 3? 4 fois; je porte 4 unités au quotient; 4 fois 3 font 12; je retranche 12 unités du dernier dividende 12, ce qui ne me laisse plus rien à diviser. Additionnant les quotients partiels, j'ai, pour quotient total, c'est-à-dire pour bénéfice de chaque associé, 2394 fr.

Cherchez , par une division semblable , la réponse aux questions suivantes :

156. Une fleuriste a préparé, pour 3 garnitures d'autel, 2673 feuilles de roses. Combien mettra-t-elle de feuilles dans chaque garniture ?

157. 594 fagots ont été distribués à 3 familles. Quelle a été la part de chacune ?

158. 8 personnes ont partagé une propriété de 9472 ares. Quelle est la part de chacune ?

159. 6 ouvriers ont fait 9438 mètres d'ouvrage. Combien en ont-ils fait chacun, s'ils ont travaillé autant les uns que les autres?

160. 8 tonneaux de cidre contiennent ensemble 9776 litres. Dites ce que chaque tonneau en contient.

161. 5 caisses de savon pèsent 67430 grammes. Quel est e poids de chaque caisse?

162. Un navire a mis 7 mois pour faire 8953 lieues. Combien faisait-il de lieues par mois ?

163. Quelle est la contenance d'une pièce d'eau-de-vie, si 5 pièces semblables contiennent ensemble 1980 litres ?

164. Un marchand de bois a vendu, à 6 particuliers, 756 stères de bois. Combien en a-t-il vendu à chacun ?

165. Un propriétaire a 7 fermiers, qui lui paient ensemble 8715 litres de froment. Dites ce qu'il reçoit de chacun.

4 hommes sont condamnés ensemble à payer 804 fr. d'amende. Combien y a-t-il à la charge de chacun ? On voit qu'il s'agit de diviser 804 entre 4. Posez donc votre division à l'ordinaire :

$$
\begin{array}{r|l}
804 & 4 \\
800 & 200 \\
\hline
004 & 1 \\
4 & 201 \\
\hline
0 & \\
\end{array}
$$

Puis, commencez par le partage des 8 cents ; et dites : en 8 combien de fois 4 ? 2 fois ; je porte 2 cents au quotient ; 4 fois 2 font 8 ; je retranche 8 cents du dividende 804, et il ne me reste que 4 unités. N'ayant point de dizaines à partager, vous passez tout de suite à la division des unités, et vous dites : en 4 combien de fois 4 ? 1 fois ; je porte 1 sous les unités du quotient ; 4 fois 1 font 4 ; je retranche 4 du dernier dividende, et il reste 0. Mes deux quotients partiels additionnés donnent, pour quotient total, 201, c'est-à-dire 201 fr. pour portion d'amende à la charge de chacun de nos 4 hommes.

Cherchez, par une division semblable, la réponse aux questions suivantes :

166. Un ouvrier a reçu 306 fr. pour un ouvrage à 3 fr. le mètre. Combien en a-t-il fait de mètres ?

167. Si l'on a vendu 80804 assiettes, en 4 mois, quelle a été la vente de chaque mois?

168. Vous avez 5505 noisettes, que vous voulez partager entre vos 5 sœurs. Combien en auront-elles chacune?

169. Une personne a légué, à trois établissements de charité, la somme de 90063 fr. Dites ce que chaque établissement a reçu.

170. Un relieur a 5005 exemplaires d'un ouvrage à relier. Combien en doit-il relier par jour, pour terminer son travail en 5 jours?

On a vu, dans l'exemple précédent, qu'il n'y avait point de dizaines au dividende, et qu'il ne s'en trouvait point non plus au quotient, et c'est ce qui devrait, ce semble, avoir toujours lieu; car là où il n'y a rien à partager, la part de chacun est 0. Cependant vous allez voir, dans l'exemple suivant, qu'une espèce d'unités qui manque au dividende, peut se trouver au quotient.

On vous charge de partager 904 marrons en 4 lots égaux. De combien de marrons chaque lot doit-il se composer? Posez votre division, et faites-la à l'ordinaire :

904	4		904	4
			800	200
			104	20
			80	6
			24	226
			24	
			0	

Vous voyez qu'il n'y avait pas une dizaine au dividende, et que cependant il s'en trouve au quotient. C'est que, de la division des cents, il est resté 1 cent, lequel, changé en dizaines, a donné dix dizaines à partager.

Cherchez, par une division semblable, la réponse aux questions suivantes :

171. Combien a vécu de semaines une personne qui a vécu 7805 jours?

172. Un général a sous ses ordres 70404 hommes, qu'il partage en 6 divisions. De combien d'hommes sera composée chaque division?

173. Le chargement de 3 navires est de 709401 kilog. Quel est le poids de la cargaison de chacun?

174. Si 708095 grammes de pain ont été consommés en 5 jours, quelle a été la consommation de chaque jour?

175. Combien aura-t-on de mètres d'étoffe pour 8708 fr., si le mètre coûte 7 fr.?

3 arbres ont produit 7161 fruits. Combien y en avait-il sur chaque arbre, supposé qu'ils en aient eu le même nombre? Divisez, par 3, d'abord les mille, ensuite les centaines, puis les dizaines, et enfin les unités.

7161	3
6000	2000
1161	300
900	80
261	7
240	2387
21	
21	
0	

La réponse à la question est : **2387** fruits.

C'est ainsi que jusqu'à présent nous avons fait la division, et nous n'avons rien fait de trop ; seulement, nous aurions pu nous épargner la peine d'écrire plusieurs chiffres :

1° Au lieu d'écrire séparément, et avec tous leurs zéros, les différents quotients partiels, les uns au-dessous des autres, nous pouvions n'écrire des 2 mille que le 2, et laisser vides, à la droite, les places des cents, des dizaines et des unités, que devaient donner au quotient les divisions suivantes. A mesure que nous aurions obtenu les quotients 300, 80 et 7, nous aurions mis, à la suite de 2, d'abord 3, puis 8 et enfin 7 ; ce qui nous eut donné, sans addition, le même quotient général. La règle eut donc été écrite comme il suit :

$$
\begin{array}{r|l}
7161 & 3 \\
6000 & \overline{} \\
\cline{1-1}
 & 2387 \\
1161 & \\
900 & \\
\cline{1-1}
261 & \\
240 & \\
\cline{1-1}
21 & \\
21 & \\
\cline{1-1}
0 &
\end{array}
$$

2° Dans la soustraction qui suit chaque division partielle, au lieu d'écrire, avec leurs zéros, les nombres à retrancher, 6000, 900 et 240, nous pouvions n'écrire que les chiffres 6, 9 et 24, qui exprimaient les ordres d'unités qu'on venait de diviser ; la position de ces chiffres suffisait pour marquer

leur valeur, sans qu'il fût besoin des zéros qui les suivent.
La règle eut donc été écrite comme il suit :

$$
\begin{array}{r|l}
7161 & 3 \\
6 & \overline{2387} \\
\hline
1161 & \\
9 & \\
\hline
261 & \\
24 & \\
\hline
21 & \\
21 & \\
\hline
0 & \\
\end{array}
$$

3° Il y avait encore un retranchement à faire , qui n'aurait nui en rien à la clarté de l'opération. Au lieu d'écrire,
en entier, le reste de chaque soustraction, c'est-à-dire
chaque dividende partiel , nous pouvions, à la 1re, après
avoir retranché 6 de 7 nous contenter d'abaisser, à droite
du reste 1 , le 1 des centaines du dividende général , sans
nous occuper encore des dizaines et des unités. De même,
à la 2e soustraction , après avoir retranché 9 de 11 , nous
n'aurions abaissé, à la droite du reste 2 , que le 6 des
dizaines du dividende général , sans nous occuper des unités.
Enfin , à droite du reste 2 , nous aurions abaissé le 1 des
unités du divivende général, et nous aurions fait la division des
unités. L'opération eut été, de la sorte, écrite ainsi qu'il suit :

$$
\begin{array}{r|l}
7161 & 3 \\
6 & \overline{2387} \\
\hline
11 & \\
9 & \\
\hline
26 & \\
24 & \\
\hline
21 & \\
21 & \\
\hline
0 & \\
\end{array}
$$

Pour se reconnaître plus facilement dans cette dernière abréviation, on fera bien de marquer d'un point chaque chiffre du dividende, au moment qu'on l'abaisse, afin d'éviter, soit d'en oublier un, soit d'abaisser deux fois le même.

176. *Refaites toutes les divisions, du N° 146 au N° 175, d'abord avec la 1ʳᵉ des trois abréviations susdites ; ensuite avec la 1ʳᵉ et la 2ᵉ ; enfin avec les trois abréviations à la fois, et c'est de cette dernière façon que devront, dans la suite, être faites toutes les divisions.*

Une armée de 86688 hommes est partagée en 36 brigades égales. Combien y a-t-il de soldats en chaque brigade, c'est-à-dire, combien de fois 36 est-il contenu dans 86688 ? Commencez par poser votre division.

$$
\begin{array}{r|l}
86688 & 36 \\
\hline
\end{array}
\qquad
\begin{array}{r|l}
86688 & 36 \\
72 & \overline{2408} \\
\hline
146 & \\
144 & \\
\hline
0288 & \\
288 & \\
\hline
00 & \\
\end{array}
$$

Comme 36 n'est pas contenu en 8, réunissez les 8 dizaines de mille aux 6 mille, et dites : en 86 mille, ou simplement, en 86 combien de fois 36 ? Vous voyez, du premier coup d'œil, que 36 est contenu 2 fois dans 86, et vous portez 2 mille au quotient. Puis, vous multipliez 2 par 36, ou, ce qui est plus simple, 36 par 2, et vous écrivez le produit, 72, sous les mille du dividende. Vous faites la soustraction, et, à côté du reste 14 mille, vous abaissez les 6 centaines du dividende, ce qui vous donne 146 centaines à diviser.

Vous essayez cette 2ᵉ division , et vous dites : en 146 combien de fois 36 ? La réponse devient plus difficile ; cependant , en y regardant bien , vous devinez que 36 est contenu 4 fois dans 146 , et vous portez 4 cents au quotient. Puis, vous multipliez 36 par 4 , et vous écrivez le produit 144 sous le 2ᵉ dividende. La soustraction faite, il vous reste 2 cents, à côté desquels vous abaissez les 8 dizaines du dividende général , ce qui vous donne 28 dizaines à diviser.

Vous essayez cette 3ᵉ division , et vous dites : en 28 combien de fois 36 ? Pas une fois, vous mettez zéro pour quotient des dizaines , et , réunissant les 28 dizaines aux 8 unités , que vous abaissez à côté, vous dites : en 288 combien de fois 36 ? Ici , la difficulté est bien plus grande, et vous ne pouvez vous en tirer qu'en tâtonnant. Voyez le chiffre qui vous paraît convenir pour quotient. Vous semble-t-il que 9 puisse aller ? Multipliez 36 par 9 , et vous verrez que le produit serait 324 , c'est-à-dire plus que vous n'avez à diviser ; 9 est donc trop fort. Prendrez-vous 7 ? Multipliez 36 par 7 , et le produit 252 , retranché du dividende 288 , vous laissera 36 , c'est-à-dire de quoi augmenter de 1 le quotient ; 7 est donc trop faible. Donc, c'est 8 qui est le quotient véritable.

Cherchez , par une division semblable , la réponse aux questions suivantes :

177. On a payé 11655 fr. pour 35 pièces de marchandises. A combien revient la pièce ?

178. On donne 87 moutons pour 957 francs. Combien les vend-on chacun ?

179. A combien revient une pièce de vin , lorsque 65 se vendent 7215 fr. ?

180. Un manufacturier emploie 42 ouvriers , auxquels il donne 25494 fr. Quelle est la somme que chacun d'eux reçoit ?

181. Un ouvrier a gagné 2236 francs en un an. Combien a-t-il gagné par semaine ? On sait qu'il y a 52 semaines dans une année.

182. Combien y a-t-il de jours en 8760 heures ?

183. Un navire emporte, pour sa consommation, 44650 litres d'eau contenus dans 47 tonneaux. Quelle est la contenance de chaque tonneau ?

184. Combien ont rapporté, l'un dans l'autre, 59 pommiers sur lesquels on a cueilli 9984 pommes ?

185. 26 coupes de bois ont été vendues 14728 fr. Quel est le prix d'une coupe ?

186. Une armée de 69695 hommes, au retour d'une campagne, a été répartie également dans 53 places fortes. Combien se trouve-t-il d'hommes en chaque place ?

187. La dépense annuelle d'un pensionnat est de 31755 fr. Dites quelle est la dépense de chaque jour.

188. 637 mètres de drap ont coûté 26754 fr. Dites le prix d'un mètre.

189. On nourrit et entretient 468 orphelins dans un hospice, avec une somme de 158652 francs. Trouvez la dépense de chaque enfant.

190. Un fabricant a acheté 308550 grammes de fil, avec lesquels il a fait 275 mètres de toile. Dites la quantité de fil qu'il a fallu pour chaque mètre.

191. 354 personnes se sont associées pour une entreprise : leurs mises réunies s'élèvent à un total de 1567866 fr. Quelle a été la mise de chaque personne ?

192. On a calculé qu'il passait 295176960 litres d'eau, sous un pont, en 73 heures. Combien en passe-t-il de litres par minute ?

193. Un incendie vient de brûler 4953 pieds d'arbres, dans une forêt ; la perte est évaluée à 133731 fr. Quelle eut été le prix moyen de chaque arbre ?

194. Un entrepreneur a 108675 fr. à partager entre 2415 ouvriers. Combien doit-il donner à chacun ?

195. 35 pièces de drap, contenant ensemble 1528 mètres, ont coûté 38200 fr. Quel est le prix d'un mètre ?

196. Combien de boucauts porte un bâtiment chargé de 332072 kilog. de sucre, si un boucaut en contient 6386 ?

197. Une fabrique de verres a expédié, dans une année, 55924 verres. Combien a-t-elle fait d'envois, si chacun était de 2542 ?

On vous a chargée de partager 2100 fr. entre 7 pauvres familles. Calculez combien vous devez donner à chacune.

Vous avez à diviser 2100 par 7. Mais ne pourriez-vous pas retrancher les deux zéros du dividende, et vous borner à diviser 21 par 7, ce qui vous donnerait 3, pour quotient? Oui, sans doute, pourvu que vous songiez ensuite que, ayant rendu le dividende 100 fois plus petit, par le retranchement de deux zéros, vous avez, par-là même, rendu aussi 100 fois plus petite la part de chaque famille, et, conséquemment, qu'il faut, pour rendre le quotient exact, lui ajouter deux zéros. Ainsi au lieu de 3 fr., chaque famille doit recevoir 300 fr.

Cherchez, par une division semblable, la réponse aux questions suivantes :

198. Si 8 chevaux ont coûté 4800 francs, quel est le prix d'un cheval?

199. On a acheté, pour deux petits autels, 6 paires de chandeliers d'argent, coûtant ensemble 720 francs. Quel est le prix de la paire?

200. Un navire a fait 3600 kilom. en 9 mois. Dites ce qu'il en faisait par mois.

201. On veut payer une somme de 35000 fr. en 5 paiements égaux. De combien doit être chacun d'eux?

202. Sept cohéritiers se partagent une succession de 63000 francs. Combien revient-il à chacun?

203. On a délivré, dans le courant des 6 dernières années, 960000 passeports pour l'étranger. Quel est le nombre des personnes qui sont sorties de France, chaque année?

204. Une famille a dépensé, en 3 ans, 21000 fr. Quelle a été sa dépense annuelle?

205. Une personne a légué, par parties égales, à 4 établissements de charité, 7600 francs. De combien a été chacun de ses legs ?

206. Huit petites filles ont gagné, pendant leur année, 40000 bons-points, quelle est la quantité que chacune d'elles a reçue ?

207. La pêche de 3 bateaux s'élève à 9600 sardines. Quelle a été la pêche de chacun ?

208. Une personne a confit 2400 cerises en 6 fois. Dites ce qu'elle en a confit chaque fois.

200 écoliers ont acheté 6000 châtaignes, et ils veulent se les partager.

Il s'agit, vous le voyez, de diviser 6000 par 200. Comme, ici, le dividende et le diviseur sont l'un et l'autre terminés par des zéros, vous pouvez en retrancher un égal nombre à tous les deux, et faire ensuite votre division, sans avoir rien à changer au quotient. En effet, 60 divisés par 2, donnent le même quotient que 6000 divisés par 200 ; vous pouvez vous en assurer, en faisant les deux divisions.

La raison en est claire : si, d'un côté, le retranchement de deux zéros au dividende, le rend 100 fois plus faible, et, par conséquent, rend 100 fois plus petite la portion de chaque copartageant ; d'un autre côté, le retranchement de deux zéros au diviseur, rend le nombre des copartageants 100 fois moindre ; et, par conséquent, la portion de chacun 100 fois plus grande ; il y a donc compensation.

Cherchez, par une division semblable, la réponse aux questions suivantes :

209. Un ouvrage a été tiré à 2500 exemplaires, pour une somme de 5000 fr. Quel est le prix de chaque exemplaire ?

210. Quatre-vingts peupliers ont été vendus 2800 fr. Quel a été le prix de chacun ?

211. Une personne gagne 240 fr. par mois. Combien devrait-elle travailler de mois, pour gagner 4800 fr. ?

212. Sachant qu'il y a 60 minutes en 1 heure, dites combien il y a d'heures en 18000 minutes.

213. Si l'on prend 20 fr. par mètre de muraille, combien en bâtira-t-on pour 1460 fr.?

214. Dans une ville de 45000 habitants, il se paie 54000 fr. d'impositions. Supposé que chacun fût contribuable d'une égale somme, quelle serait la taxe de chaque particulier?

215. Un navire a fait, en 300 jours, 9300 lieues. Quelle a été sa marche journalière?

216. La dépense d'un établissement, composé de 1500 personnes, est de 445500 fr. Combien dépense chaque personne?

217. Quinze sacs de café, pesant ensemble 1200 kilog., ont coûté 3600 fr. Quel est le prix d'un kilog.?

218. On a cueilli 8000 poires sur 200 poiriers. Combien chacun en a-t-il rapporté, terme moyen?

219. Dans le courant de l'hiver, il a été distribué 9000 fagots à 300 familles pauvres. Combien chacune en a-t-elle reçus?

Pour comprendre la manière de faire la preuve de la division, rappelez-vous l'idée que vous vous êtes faite, dès d'abord, de cette opération. On vous a dit que le diviseur exprimait le nombre des personnes appelées à se partager le dividende, et que le quotient était la part de chacune d'elles, dans ce partage. Si maintenant toutes ces personnes remettent leurs parts en commun, évidemment le dividende se retrouvera en entier. Par exemple, si 4 personnes ont divisé entre elles 12 œufs, chacune en a eu 3. Que toutes les 4 remettent maintenant chacune leurs 3 œufs, ce qui fera 4 fois 3; il s'en trouvera 12, comme avant la division. Ainsi la manière de vérifier une division est de multiplier le diviseur par le quotient. Si la division est juste, on doit, pour produit, retrouver le dividende.

Supposons donc que vous avez eu 782 à diviser par 34, ce qui vous a donné 23 pour quotient. Multipliez 23 par

34, ou 34 par 23, et vous retrouverez votre dividende 782.

782	34		34
68	23		23
102			102
102			68
00			782

Puisque, en multipliant le diviseur par le quotient, on obtient pour produit le dividende, on peut donc, en toute division, considérer le dividende comme un produit, dont le diviseur et le quotient sont les facteurs. Il s'ensuit qu'on peut appliquer à la division la preuve par 9, dont nous nous sommes servis pour la multiplication. Dans l'exemple précédent, vous aurez donc la preuve suivante :

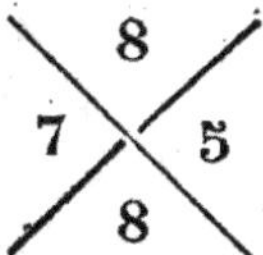

220 *Refaites les divisions indiquées du N° 175 au N° 217, et, à la suite de chacune d'elles, faites-en la preuve, d'abord par la multiplication, puis au moyen de la preuve par 9.*

Nous n'avons supposé, dans tous les exemples ci-dessus, que des dividendes exactement divisibles, c'est-à-dire dont la division donnait, pour quotient, un nombre entier, sans aucun reste. Mais souvent il n'en est pas ainsi. Que, par exemple, vous soyez 4 à vous partager 14 pains : après que chacune d'entre vous en aura pris 3, il en restera 2 indivis. Nous verrons, dans la 2ᵉ partie, comment on doit opérer sur ces restes.

Il est des nombres que l'on appelle *complexes,* parce qu'ils renferment des objets de différentes espèces, par

exemple : *4 ans* et *7 mois, 5 heures 11 minutes et 32 secondes.*
Ces nombres, quant à la manière d'opérer, peuvent être
rangés parmi les nombres entiers. En effet, pour opérer
sur un nombre complexe, ce qu'on a bien rarement à faire
aujourd'hui, le moyen le plus simple est de commencer par
réduire tout ce nombre en unités de sa plus petite espèce,
et d'opérer ensuite comme si c'était un nombre entier.

Supposons, par exemple, que vous ayez à multiplier
2 jours 5 heures 20 minutes, par 6. Réduisez tout ce
nombre en minutes, et, pour cela, puisque le jour est de
24 heures, multipliez 24 par 2, pour réduire vos 2 jours
en heures. Vous trouvez 48 heures ; ajoutez-y les 5 heures du
nombre proposé, et vous aurez 53 heures. Comme chaque
heure renferme 60 minutes, multipliez 60 par 53, et vous
trouverez 3180, pour nombre des minutes contenues dans
2 jours 5 heures. A ces 3180 minutes, ajoutez les 20 du
nombre proposé, et vous aurez 3200 minutes, valeur exacte
de tout ce nombre. Maintenant, multipliez 3200 par 6
comme le demande le problème, et le produit 19200 sera,
en minutes, le résultat que vous cherchez.

Si vous voulez savoir combien ce nombre de minutes renferme de jours, d'heures et de minutes, faites le contraire de
ce que vous avez fait tout à l'heure : divisez 22400 par 60 ; le
quotient 373 vous donne le nombre des heures contenues dans
22400 minutes, et il vous reste 20 minutes. Divisez ensuite
vos 373 heures par 24 ; le quotient 15 vous donne le nombre
des jours, et il vous reste 13 heures. Vos 22400 minutes
valent donc 15 jours 13 heures 20 minutes. Vous pouvez
vérifier ce résultat final, en réduisant en minutes ces 15
jours, 13 heures et 20 minutes ; vous retrouverez 22400.

Résolvez les problèmes suivants :

221. Une bougie a brûlé, une 1ʳᵉ fois, durant 2 heures 25
minutes, et, une 2ᵉ fois, durant 1 heure 48 minutes ; enfin, elle a

fini, après avoir, une 3ᵉ fois, brûlé durant 3 heures 10 minutes. Combien de temps a-t-elle duré?

222. Deux marins viennent de naviguer : l'un, durant 2 ans 3 mois; l'autre, durant 1 an et 7 mois. De combien le 1ᵉʳ voyage a-t-il été plus long que le 2ᵉ?

223. S'il faut 2 minutes 25 secondes pour lire une page d'un livre qui en a 463, combien faudra-t-il d'heures, de minutes et de secondes, pour lire tout le volume?

224. Vous avez 16 ans 8 mois. Combien faudrait-il de vies semblables, à la suite l'une de l'autre, pour faire un siècle?

225. Une ouvrière a travaillé le lundi, 9 heures 30 minutes; le mardi, 10 heures 15 minutes; le mercredi, 8 heures 45 minutes; le jeudi, 11 heures; le vendredi, 7 heures 40 minutes; enfin, le samedi, 12 heures 20 minutes. Quelle est la somme de son travail dans la semaine, et de combien ont été ses six journées l'une dans l'autre?

RÉCAPITULATION

des Exercices de la Première Partie (¹).

226. Un pensionnat a reçu d'abord 75 élèves, puis 29, 82 et 49. Combien cela fait-il d'élèves?

227. Un fermier assure que, en revendant ses bœufs 854 fr., il perdra 169 fr. Combien lui coûtaient-ils?

228. Un menuisier avait à faire 573 mètres carrés de lambris; il en a fait 240 mètres. Que lui reste-il à faire?

229. Un pêcheur porte 209 poissons au marché; il n'en vend que 136. Quel est son reste?

230. La sonnerie d'une cathédrale se compose de quatre

---

(1) Avant de faire cette récapitulation, il convient de repasser une fois, et peut-être deux, tout ce qui précède. Si, même après cela, on juge que les élèves ne sont pas suffisamment exercées, on leur fera faire les *opérations supplémentaires*, indiquées à la fin de cette Arithmétique

cloches : la moindre pèse 647 kilog. ; la 2ᵉ, 975 kil. ; la 3ᵉ, 1050 kil. ; la plus grosse, 1472 kil. Dites : 1° le poids total de ces cloches ; 2° combien la plus grosse pèse plus que la 3ᵉ ; la 3ᵉ, plus que la 2ᵉ ; la 2ᵉ plus que la 1ʳᵉ.

231. Uné armée navale, se composait de 27000 hommes. 675 ont péri dans un combat ; 390 ont été blessés ; 402 ont été faits prisonniers ; 38 sont morts de fatigue. Combien est-il resté d'hommes en état de combattre ?

232. Quel est le prix de 8 douzaines de chaises, si la douzaine vaut 42 fr.

233. Dites le prix de 205 canifs, à raison de 3 fr. l'un.

234. Combien doit-on donner à un ouvrier, auquel on doit 59 journées de 4 fr. ?

235. Vous avez 10 ans ; votre maman a 28 ans de plus que vous ; votre papa, 9 de plus qu'elle ; votre grand'maman a 7 fois votre âge. Dites combien tous ces âges réunis font : 1° d'années ; 2° de mois ; 3° de jours ; 4° d'heures ; 5° de minutes.

236. Une personne a acheté 3 pièces de toile à draps de 40 mètres chacune, à 4 fr. le mètre. 1° Combien les 3 pièces font-elles de mètres ? 2° Combien ont-elles coûté ensemble ? 3° Combien aura-t-on de paires de draps, si l'on met 12 mètres par paire ? 4° Quel sera le prix de chaque paire ?

237. Un courrier fait 20954 mètres en une heure. Combien en fera-t-il en 9 jours, s'il voyage nuit et jour ?

238. Julie a 202 noisettes dans un pannier, et 95 dans un autre. Combien y en a-t-il dans celui-ci moins que dans l'autre ?

239. Pour faire 6 matelas, on a acheté 108 kil. de laine, à 3 fr. le kil. ; 24 de crin, à 4 fr. le kil. ; 28 mètres de toile, à 2 fr. le mètre. 1° Combien reste-t-il à payer, si l'on n'a donné que 152 fr. à compte ? 2° A combien revient chaque matelas, si la façon de chacun est de 3 fr. ?

240. Sachant qu'on gagne 90 fr., en revendant une pièce de drap qui avait coûté 370 fr., dites combien on l'a vendue.

241. Pour 450 fr., on a 150 kilogram. de café. Quel est le prix du kil. ?

242. La grosse de plumes étant de 3 fr., quel sera le prix de 150 grosses ?

243. Quel est le nombre de minutes écoulées, depuis la naissance de Notre-Seigneur jusqu'au 25 décembre 1852, en supposant toutes les années de 365 jours?

244. Combien coûte le millier de foin, lorsque 500 milliers se sont vendus 7500 fr.?

245. Une locomotive fait régulièrement 36000 mètres par heure. Combien fera-t-elle de chemin en 50 heures?

246. Il a fallu 250000 mètres de drap, pour habiller une armée de 50000 hommes. 1° Combien a-t-il fallu de drap pour chaque soldat? 2° En combien de pièces étaient contenus ces 250000 mètres, si chaque pièce était de 25 mètres? 3° Combien de ballots renfermaient ces pièces, s'il y avait 500 ballots?

247. Une personne qui avait 280 francs dans sa bourse, a acheté et payé 8 mètres d'étoffe, à 5 fr. le mètre; 27 mètres de toile, à 4 fr.; une douzaine de paires de bas, à 3 fr. la paire. Après quoi elle a donné à de pauvres familles ce qui restait dans sa bourse. De combien a été son aumône?

248. A combien reviendront 408 pieds d'arbres, s'ils valent chacun 70 fr.?

249. Vous êtes 39 à partager 1678 amandes. Combien en aurez-vous chacune, et combien en restera-t-il?

250. Huit ouvriers ont reçu 3640 fr. pour une entreprise, dans laquelle chacun a passé 182 journées, dépensant 2 fr. par jour. Combien ont-ils gagné?

251. Un marchand d'images en a vendu 1500 en 3 mois. Quelle a été la vente de chaque mois?

252. Un père avait 39 ans 3 mois à la naissance de son fils. Quel sera l'âge du père, quand le fils aura 47 ans et 5 mois?

253. Un navire partant pour la Chine, le 4 mai, y arrive le 8 octobre. Les 430 hommes d'équipage ont consommé, pendant la traversée, 41925 kilog. de biscuit. Quelle a été la ration journalière de chacun? Songez que mai, juillet et août ont 31 jours.

254. Quel est le prix d'un mouchoir, lorsque 18 douzaines se vendent 432 fr.?

255. Abraham naquit l'an du monde 1921, et Notre-Seigneur, l'an 4004. Dites combien d'années, avant J.-C., est né ce saint patriarche.

DEUXIÈME PARTIE.

OPÉRATIONS
Sur les Nombres Fractionnaires.

NOTIONS PRÉLIMINAIRES SUR LES FRACTIONS EN GÉNÉRAL , ET SUR LES FRACTIONS DÉCIMALES EN PARTICULIER.

Outre les *nombres entiers*, les seuls dont nous nous soyons occupées jusqu'ici, il y a des *nombres fractionnaires*, c'est-à-dire des nombres qui renferment tout à la fois des unités entières et des parties ou fractions d'unités ; par exemple : *cinq* heures *et demie*, *quatre* lieues *et deux tiers*, *huit* journées *et un cinquième*. Il y a même de simples *fractions* qui ne renferment pas d'unités, mais seulement des parties d'unités ; par exemple : *une demi*-bouteille, *trois quarts* d'heure, les *neuf dixièmes* des élèves.

Vous verrez plus tard la manière d'opérer sur les fractions et les nombres fractionnaires ; mais, dès maintenant, il faut vous faire une idée exacte de la valeur d'une fraction quelconque. Que valent, par exemple, les *quatre cinquièmes* d'un pain ? Figurez-vous : 1° que ce pain a été divisé en 5 parties égales,

dont chacune , par conséquent , est un *cinquième* du pain ;
2° que vous avez *quatre* de ces morceaux. Voilà ce qu'exprime la fraction *quatre cinquièmes :* le mot *cinquième* indique la division de l'objet en 5 parties , et le mot *quatre* ,
la réunion de 4 de ces parties. Pour écrire cette fraction en
chiffres , on met 4 au-dessus de 5 , et on les sépare par une
barre, soit horizontale, $\frac{4}{5}$, soit oblique de droite à gauche,
$^4/_5$ ([1]).

On peut aussi considérer une fraction comme exprimant
le quotient d'une division , dont le chiffre supérieur est le
dividende , et le chiffre inférienr , le diviseur. En effet , que
vous ayez , entre 5 , à partager 4 pains ; si vous divisez
chacun des 4 pains en 5 parties ou cinquièmes , et que
vous , pour votre part , vous en preniez une de chaque
pain , vous aurez quatre cinquièmes ou $^4/_5$. Remarquez bien
cette manière d'envisager une fraction ; vous en aurez
besoin plus tard.

Quand l'unité est partagée en deux , en trois ou en quatre,
chacune des parts s'appelle une *demie* , un *tiers* , ou un
quart. Quand l'unité est divisée en cinq , six et au-dessus ,
pour désigner chaque partie , on se borne à joindre la ter-
minaison *ième*, au nombre qui exprime en combien de parties
l'unité est divisée : ainsi , elle s'appelle un *cinquième* , un
septième , un *douzième* , etc. . selon que l'unité est divisée
en 5 , 7, 12 , etc.

256. *Écrivez , en chiffres , les fractions suivantes :*

a. Trois... cinquièmes, **b.** huit... onzièmes, **c.** vingt-trois...
trente-sixièmes, **d.** cent soixante-huit... sept cent vingt-quatrièmes,
e. trois cent quatre-vingt-dix... deux millièmes, **f.** cinquante-

---

([1]) On appelle *dénominateur* d'une fraction le chiffre de dessous , qui marque
en combien de parties l'unité est divisée , et *numérateur*, celui de dessus ,
qui dit combien la fraction renferme de ces parties.

cinq... soixante-troisièmes , **g.** trois cent douze... quatre cent vingt-cinquièmes , **h.** quarante-huit... quatre-vingt-cinquièmes , **i.** cinquante-quatre... cent dixièmes , **j.** soixante-quatorze... deux cent seizièmes, **k.** cent huit... cent cinquantièmes , **l.** sept cent onze... trois mille quatre cent trente-deuxièmes, **m.** huit mille cinquante-six... douze mille cinq cent quarante-huitièmes , **n.** trente-deux... cent quinzièmes , **o.** quatre-vingt-six... deux centièmes.

257. *Dites , de chacune de ces fractions , 1° en combien de parties l'unité est supposée divisée; 2° combien la fraction renferme de ces parties.*

Il est d'autres fractions qui ont cela de particulier , que l'unité se divise et se subdivise toujours de dix en dix. Ainsi, l'unité se divise en *dixièmes;* le dixième , en *centièmes;* le centième , en *millièmes ;* le millième , en *dix millièmes ;* et ainsi de suite. Ces fractions se nomment *fractions décimales* ou simplement *décimales.*

On écrit les fractions décimales comme les nombres entiers, c'est-à-dire , en plaçant chaque espèce plus faible à droite de l'espèce immédiatement plus forte. Ainsi, de même que, dans les nombres entiers , on descend du mille au cent , du cent à la dizaine , de la dizaine à l'unité ; de même on continue à descendre de l'unité au dixième , du dixième au centième , du centième au millième , etc.

Millions.	Centaines de mille.	Dizaines de mille.	Mille.	Centaines.	Dizaines.	Unités.	Dixièmes.	Centièmes.	Millièmes.	Dix millièmes.	Cent millièmes.	Millionièmes.
3	2	5	6	4	0	7,	6	5	4	2	8	9

On voit que les chiffres placés à égale distance de l'unité , à droite et à gauche , se correspondent : les 1ers expriment, l'un les dizaines, l'autre les dixièmes ; les 2es, l'un les centaines, l'autre les centièmes, etc.

Dans l'exemple ci-dessus, nous avons mis une virgule entre l'unité et les décimales. C'est ce qu'on doit toujours faire ; autrement rien ne marquerait la valeur de chaque chiffre, puisqu'on ne saurait pas où se trouve l'unité.

Il est si nécessaire de marquer la place de l'unité, pour indiquer la valeur des autres chiffres, que, dans le cas où il n'y a pas d'unité, on en marque au moins la place par un zéro. Ainsi, que l'on ait 3 dixièmes, on écrirait 0,3. Si l'on avait 3 centièmes ou 3 millièmes, on écrirait 0,03, ou 0,003. On voit, par là, qu'un zéro à la gauche d'une fraction décimale est très-utile, puisqu'il repousse le chiffre de cette fraction à la place qui lui convient.

Mais, à la droite d'une fraction décimale, un zéro de plus ou de moins n'y change rien : car le chiffre qui exprime la fraction, restant toujours à la même place, a toujours la même valeur. Ainsi la fraction 0,3, vaut 3 dixièmes, et 0,30 ne vaut pas plus. En effet, si l'on veut tenir compte du zéro, et dire 30 au lieu de 3, ces 30 seront des centièmes, au lieu d'être des dixièmes ; or 30 centièmes sont la même chose que 3 dixièmes, puisque, s'il y a 10 fois plus de parties dans 30 que dans 3, chacune d'elles vaut 10 fois moins ; il y a donc compensation.

Pour énoncer un nombre composé d'entiers et de fractions décimales, par exemple, 638,45, on commence par les entiers, comme s'ils étaient seuls ; puis, on énonce tout le nombre des décimales, en ajoutant, à la fin, le nom de la dernière espèce. On dira donc ici : *six cent trente-huit... quarante-cinq centièmes.* Comme nous venons de le voir, *quarante centièmes* sont la même chose que *quatre dixièmes,* et, par conséquent, 45 centièmes sont la même chose que 4 dixièmes 5 centièmes.

Il est toujours facile de réduire deux fractions décimales

à la même espèce. Il ne s'agit, pour cela, que d'ajouter, à la suite du nombre qui a moins de chiffres décimaux, ce qu'il faut de zéros pour que ce nombre ait autant de décimales que le nombre qui en a le plus. Ainsi, qu'on ait 14,3... 0,48... 6,325. Pour que ces trois nombres aient des décimales de même espèce, il suffit d'ajouter deux zéros au 1er, et un zéro au 2e; tous les trois auront alors des millièmes : 14,300... 0,480... 6,325, et cela, comme nous l'avons dit, sans que ces nombres aient changé de valeur.

258. *Répondez aux questions suivantes :*

A quelle place, par rapport à l'unité, se trouvent les dixièmes? — les centièmes? — les millièmes, etc.? — Qu'exprime le 1er chiffre à la droite de l'unité? — Qu'exprime le 2e? — le 3e, etc.?

259. *Énoncez les nombres suivants :*

a.	6,4		**l.**	5,80007
b.	18,52		**m.**	1,07004
c.	45,674		**n.**	0,06000
d.	3,4081		**o.**	0,0085
e.	92,07		**p.**	7,00075
f.	2,003		**q.**	0,070093
g.	0,8		**r.**	2,01105
h.	0,60		**s.**	1,08001
i.	0,074		**t.**	0,00091
j.	0,0050		**u.**	0,20001
k.	0,000006		**v.**	6,000008

260. *Écrivez, en chiffres, les nombres suivants :*

A. 3 unités 7 dixièmes; **b.** 26 unités 52 centièmes; **c.** 89 unités 642 millièmes; **d.** 8 unités 5043 dix millièmes; **e.** 7 unités 4 centièmes; **f.** 18 unités 9 millièmes; **g.** 0 unité 1 dixième; **h.** 0 unité 90 centièmes; **i.** 0 unité 22 millièmes; **j.** 0 unité 10 dix millièmes; **k.** 15 unités 9 millionièmes; **l.** 0 unité 50 mille 14

4

cent millièmes ; **m.** 0 unité 3 mille 9 cent millièmes ; **n.** 4 unités
2 mille cent millièmes ; **o.** 13 unités 70 dix millièmes ; **p.** 0 unité
21 cent millièmes ; **q.** 2 unités 20 mille 12 millionièmes ; **r.**
0 unité 90 mille 1 millionième.

261. *Réduisez à la même espèce de décimales, les nombres
suivants :*

a.	4,5 et 3,62		**g.**	6,21 èt 14,000005
b.	7,04 et 0,025		**h.**	1,800007 et 4,2
c.	0,94 et 1,0061		**i.**	19,07 et 0,0074
d.	2,0004 et 5,5		**j.**	22,809 et 0,0031
e.	15,023 et 8,0007		**k.**	11,9 et 41,10001
f.	40,004 et 7,52		**l.**	5,4 et 0,0605

Pour rendre dix fois plus fort ou dix fois plus faible un
nombre qui a des décimales, il suffit de repousser la virgule
d'une place sur la droite, ou d'une place sur la gauche.
Par exemple, dans 725,43, transportez la virgule entre
4 et 3 : le 4, qui exprimait des dixièmes, exprimera des
unités ; le 5, qui exprimait des unités, exprimera des
dizaines, et ainsi des autres chiffres. Le nombre 7254,3
est donc dix fois plus fort que 725,43. Au contraire, si je
transporte la virgule entre 2 et 5, le 2, qui exprimait
des dizaines, n'exprimera plus que des unités ; le 7, qui
exprimait des cents, n'exprimera plus que des dizaines, et
ainsi des autres chiffres. Le nombre 72,543 est donc dix fois
plus faible que 725,43.

Par la même raison, vous voyez qu'en avançant ou reculant la virgule de 2, 3, 4 places à la droite ou à la gauche,
on rend un nombre cent, mille, dix mille fois plus fort ou
plus faible. Ainsi, par le seul changement de la virgule, le
nombre 72543 va devenir dix, cent, mille, dix mille fois
plus petit : 7254,3... 725,43... 72,543... 7,2543.

Quand un nombre n'a pas assez de chiffres, pour qu'on

puisse reculer la virgule sur la gauche, autant qu'il le faudrait, on y supplée par des zéros. Ainsi, que l'on veuille rendre dix fois plus petit le nombre 6,5, on écrira : 0,65. Si on voulait le rendre cent fois, mille fois plus faible, on écrirait : 0,065... 0,0065.

262. *Par le seul changement de la virgule, rendez dix ois, cent fois, mille fois plus forts, les nombres suivants :*

a.	3,6471	**f.**	29,051	**k.**	0,003
b.	19,58002	**g.**	52,8207	**l.**	27,0400
c.	0,7436	**h.**	3,0600	**m.**	0,2000
d.	8,009	**i.**	7,0023	**n.**	8,500090
e.	15,704	**j.**	13,004	**o.**	17,10001

263. *Rendez, de même, dix fois, cent fois, mille fois plus faibles, les nombres suivants :*

a.	7653,5	**h.**	72,091	**o.**	52,07
b.	1870,65	**i.**	74,050	**p.**	0,0077
c.	45,9	**j.**	30,0055	**q.**	21,0001
d.	2,3	**k.**	0,0042	**r.**	5,1009
e.	67	**l.**	10,0007	**s.**	0,00021
f.	1,40	**m.**	2,030	**t.**	0,070010
g.	0,90	**n.**	4,0	**u.**	8,00900

CHAPITRE PREMIER.

EXPLICATION

du Système Légal des Mesures, Poids et Monnaies (1).

ART. 1er. — IDÉE GÉNÉRALE DE CE SYSTÈME.

Les poids, mesures et monnaies, dont l'usage est aujourd'hui seul reconnu en France, sont établis sur le système des fractions décimales, tel que nous venons de l'expliquer, c'est-à-dire que, pour chaque espèce de mesure, de poids ou de monnaie, la Loi a fixé une unité, qui sert comme de point de départ, et qui a, au-dessus d'elle, des mesures de dix en dix fois plus fortes, et, au-dessous d'elle, des mesures de dix en dix fois plus petites.

---

(1) Comme les mesures, poids et monnaies sont la matière plus habituelle des calculs sur les décimales, nous avons dû, avant de passer outre, en expliquer tout le système. Cette connaissance est, d'ailleurs, d'un usage indispensable et journalier.

C'est ainsi que, pour les mesures de longueur, le *mètre* a, au-dessus de lui : d'abord le *décamètre*, puis l'*hectomètre*, le *kilomètre* et le *myriamètre*, et, au-dessous de lui : le *décimètre*, le *centimètre*, le *millimètre*. C'est ainsi encore que, pour les poids, le *gramme* a, au-dessus de lui : le *décagramme*, l'*hectogramme*, le *kilogramme*, le *myriagramme*, et, au-dessous : le *décigramme*, le *centigramme*, le *milligramme*. Il en est généralement de même du reste.

Sur quoi vous devez remarquer trois choses :

1° Pour chaque espèce, le nom de l'unité passe à toutes les autres mesures au-dessus et au-dessous, et il termine le nom de chacune d'elles. Vous le voyez pour les mots *mètre* et *gramme;* vous le verrez pour les mots *litre*, *stère*, etc., etc.

2° Toutes les mesures au-dessus de l'unité, portent le nom de cette unité, précédé d'un autre mot, qui exprime combien de fois chacune de ces mesures renferme l'unité. Ces mots sont : *déca*, *hecto*, *kilo*, *myria*, lesquels veulent dire : dix, cent, mille, dix mille. Ainsi *décamètre* signifie dix mètres ; *hectomètre*, cent mètres ; *kilomètre*, mille mètres ; *myriamètre*, dix mille mètres.

3° Les mesures au-dessous de l'unité, portent aussi le nom de cette unité, précédé d'un mot qui exprime combien de fois chacune de ces mesures est comprise dans l'unité. Ces mots sont : *déci*, *centi*, *milli*, lesquels veulent dire : un dixième, un centième, un millième. Ainsi *décimètre* signifie un dixième de mètre ; *centimètre*, un centième de mètre ; *millimètre*, un millième de mètre.

264. *Affermissez-vous, par le moyen suivant, dans la connaissance des termes ci-dessus :*

Supposez l'unité sur le bout de votre petit doigt gauche ; sur le doigt suivant, dites : *déca ;* sur le grand doigt : *hecto ;* sur l'index : *kilo ;* sur le pouce : *myria*. Revenant sur vos pas, dites : *myria*, *kilo*, *hecto*, *déca*, *unités*. Descendant du bout du petit doigt, dites, à la 1ʳᵉ jointure : *déci*; à la 2ᵉ, *centi*; à la 3ᵉ, *milli*. Maintenant, répétez toute la suite de ces mots, en y ajoutant le nom d'une mesure, par exemple du *litre*. Vous direz donc, en allant du bout du pouce jusqu'à la dernière jointure du petit doigt : *myrialitre*, *kilolitre*, *hectolitre*, *décalitre*, *litre*, *décilitre*, *centilitre*, *millilitre*. Ainsi des autres poids et mesures.

265. *Répondez aux questions suivantes :*

Combien y a-t-il de mètres dans un décamètre ? — dans un kilomètre ? — dans un myriamètre ? — Combien de litres dans un hectolitre ? — de grammes dans un kilogramme ? — Combien d'ares dans un hectare ? — de décistères dans un stère ? — de centimètres dans un mètre ? — de milligrammes dans un gramme ? — Combien le myriamètre contient-il de mètres ? — Combien le décalitre vaut-il de litres ? etc., etc.

ART. 2. — MESURES DE LONGUEUR.

Le *mètre* est l'unité fondamentale pour les mesures de longueur (¹). Il vaut un sixième de moins que l'*aune* ancienne,

---

(1) Le *mètre* est la dix-millionième partie du quart de la circonférence terrestre. (La terre a donc 40 millions de mètres de tour). Voici comment a été fixé la longueur du mètre.

La terre est à peu près ronde, et tourne chaque jour sur elle-même. Que l'on prenne une orange, et qu'on la transperce bien exactement avec une aiguille à tricoter; puis, que, tenant l'aiguille par ses deux extrémités, on fasse tourner l'orange sur elle-même, on aura représenté le mouvement de la terre. Mais que, durant ce mouvement, une autre personne appuie légèrement la pointe d'une épingle sur l'orange, à égale distance des deux points par lesquels entre et sort l'aiguille, elle formera, sur la peau de l'orange, une petite ligne qui sera également distante de ces deux points dans toute son étendue. Eh bien ! si l'on suppose une ligne semblable faite sur la terre, on aura quelque idée de ce qu'on appelle *Équateur*. On nomme *Pôles* les deux points sur lesquels elle tourne, comme seraient les deux points par lesquels passe l'aiguille. Nos savants mesurèrent la distance de l'équateur de la terre à l'un de ses pôles, ce qui était bien, à très-peu et il est, à peu près, la moitié de ce qu'était autrefois la *toise,* et le triple de ce qu'était le *pied.*

L'usage est de se servir du *myriamètre,* pour mesurer les très-grandes longueurs, comme la distance du Soleil à la Terre ; du *kilomètre,* pour les distances moindres et encore considérables, comme les grandes routes ; enfin du *mètre,* pour toutes les autres longueurs.

Quand on mesure au myriamètre, on ne met communément qu'un chiffre décimal, lequel exprime alors des kilom. Quand on mesure au kilomètre, d'ordinaire on ne met pas moins de trois chiffres décimaux, dont le plus faible exprime alors des mètres. Enfin, quand on mesure au mètre, on met habituellement deux chiffres décimaux, et alors le dernier exprime des centimètres ; on n'en met un troisième, pour exprimer des millimètres, que lorsqu'on a besoin d'une très-grande précision. Ainsi l'on dira que la France a myr. 106,4 (106 myriamètres 4 kilom.) du nord-ouest au sud-est, et myr. 92,4 (92 myr. 4 kil.) du sud-ouest au nord-est ; que la distance de Paris à Versailles est de kilom. 20,500 (20 kil. 500 mèt.) ; enfin que la taille ordinaire d'un homme est de mètre 1,67 (1 mèt. 67 cent.)

Dans ces divers cas, l'usage est, comme on voit, et comme nous l'avons dit généralement des décimales, d'énoncer d'abord le nombre entier, et de réunir ensuite toutes les décimales, sous le nom de leur plus petite espèce. Aussi, dans le dernier exemple, n'avons-nous pas dit : 1 mètre 6 décimètres 7 centimètres ; mais : 1 mètre 67 centimètres.

Quand il y a des décimales, il est plus commode d'écrire le nom des unités en avant du nombre, pour ne pas couper

---

de chose près, le quart de sa circonférence entière, et ils en prirent la dix-millionième partie, qu'ils appelèrent *mètre.*

Le mètre est la base de tout notre système légal de poids et mesures ; c'est pourquoi on l'appelle aussi *système métrique.*

celui-ci en deux ; mais en l'énonçant, on remet ce nom entre les unités et les décimales. Ainsi on écrira : francs 25,40 centimes ; mètres 164,36 centimètres ; mais on dira : 25 francs 40 centimes, 164 mètres 36 centimètres. D'ordinaire, on n'exprime le nom des décimales qu'autant qu'il y a lieu de se tromper sur leur espèce. Ici, par exemple, on pourrait, sans crainte d'erreur, se borner à dire ; 25 fr. 40 ; 164 mèt. 36.

Si l'on veut changer un nombre de mètres en décamètres, il suffit de séparer, par une virgule, le premier chiffre de droite. Ainsi 425 mètres valent déca. 42,5 m. En reculant la virgule d'une place sur la gauche, on changerait les décamètres en hectomètres, et l'on aurait : hect. 4,25 m. Tous les autres changements en-dessus et en-dessous, se font de même, au moyen de la virgule reculée ou avancée d'une place.

266. *Dites combien il y a de décamètres dans 17 mètres, ou, en d'autres termes, changez :*

17 mèt. en décam.

204 mèt. en hect.

38 hect. en déca.

1694 hect. en myr.

5 déca. en mèt.

72 mèt. en déci.

5863 mill. en mèt.

Pour mesurer sur le terrain, on se sert communément d'une chaîne ou d'un galon de dix mètres de longueur, et que l'on nomme pour cela *décamètre*. On se sert, pour mesurer de l'étoffe, du galon, etc., soit d'un morceau de bois d'un mètre de longueur, soit d'un mètre en baleine qui se replie en cinq ou en dix parties égales, soit d'un ruban roulé dans une boîte, et qui d'ordinaire a 1 mètre 50 centimètres de longueur.

ART. 3. — MESURES DE SUPERFICIE OU SURFACE.

Pour mesurer une surface (¹) de moyenne grandeur, par exemple celle d'une planche, d'une pièce de toile, d'un appartement, on se sert d'un carré qui a un mètre sur chacun de ses quatre côtés, et que l'on appelle *mètre carré.*

Cette mesure n'est point comme le mètre de longueur : elle n'a point, au-dessus d'elle, d'autres mesures de dix en dix fois plus grandes, et, au-dessous d'elle, d'autres mesures de dix fois en dix fois plus petites. Mais, ce qui revient au même pour le calcul, les chiffres à gauche des unités de mètre carré, expriment des dizaines, des centaines, des mille, etc. de mètres carrés, et les chiffres à droite expriment des dixièmes, des centièmes de mètre carré. Soit le nombre mèt. car. 328,45, le chiffre 2 n'exprime point des décamètres carrés, non plus que le chiffre 3 des hectomètres carrés ; mais 2 exprime des dizaines, et 3, des centaines de mètres carrés. De leur côté, 4 et 5 expriment des dixièmes et des centièmes de mètre carré, et non point des décimètres carrés et des centimètres carrés.

Un décamètre carré est un carré qui a un décamètre, c'est-à-dire dix mètres, sur chacun de ses quatre côtés (²).

---

(1) Voyez, à la fin de ce volume, la *note sur la manière de mesurer les surfaces et les solides.*

(2) Un décamètre carré n'est point la même chose qu'une dizaine de mètres carrés ; il est facile de le comprendre Supposez un carré de jardin, ayant dix mètres de chaque côté : voilà un décamètre carré. Divisez un de ses côtés et le côté opposé, en dix parties égales ; chacune de ces parties sera d'un mètre. Maintenant si, par chaque point de division, vous tirez une ligne d'un côté à l'autre, vous aurez dix plates-bandes, larges d'un mètre et longues de dix. Or chacune de ces dix plates-bandes peut, à son tour, être partagée, dans sa longueur, en dix parties d'un mètre chacune. Vous aurez ainsi dix fois dix petits carrés d'un mètre

4*

On s'en sert pour mesurer les champs, les prés, etc., et on l'appelle *are*.

L'are a, immédiatement au-dessus de lui, deux mesures de dix fois en dix fois plus fortes : le *décare* et l'*hectare*. Il en a aussi deux au-dessous : le *déciare* et le *centiare*. On ne se sert communément ni du décare ni du déciare, mais seulement de l'hectare, de l'are, et du centiare. Ainsi, pour désigner la surface d'une terre, qui a 3 hectares, 4 décares, 8 ares, 2 déciares, on changera les décares en ares, les déciares en centiares, et l'on dira : 3 hectares 48 ares 20 centiares.

ART. 4. — MESURES DE VOLUME OU GROSSEUR.

Figurez-vous dix planches d'un mètre carré, et d'un décimètre d'épaisseur. Ces dix planches, exactement posées les unes sur les autres, formeront, toutes ensemble, une épaisseur d'un mètre, et, par conséquent, le tout aura un mètre dans tous les sens, c'est-à-dire en longueur, en largeur et en épaisseur. C'est ce qu'on appelle un *mètre cube*.

On se sert du mètre cube, pour mesurer le volume ou la grosseur de la pierre, de la terre, etc. Cette mesure est

---

sur chaque côté. C'est donc cent mètres carrés, et non pas dix seulement, que vous trouverez dans un décamètre carré. Vous voyez maintenant la différence qu'il y a entre un décamètre carré et une dizaine de mètres carrés.

Il ne faut pas davantage confondre un kilomètre carré ou un myriamètre carré, avec mille ou dix mille mètres carrés ; pas plus qu'il ne faut prendre un décimètre ou un centimètre carré, pour un dixième ou un centième de mètre carré. L'explication du décamètre carré, par rapport au mètre carré, s'applique à toutes ces autres mesures. Ainsi un centimètre carré, par exemple, n'est qu'un tout petit carré ayant un centimètre sur chacun de ses côtés ; tandis que la centième partie d'un mètre carré équivaut à une bande, large d'un centimètre, mais longue d'un mètre, car il y a cent bandes semblables dans un mètre carré.

comme le mètre carré : elle n'a, ni, au-dessus d'elle, des mesures de dix en dix fois plus grandes, ni, au-dessous d'elle, des mesures de dix en dix fois plus petites. Mais les chiffres à gauche des unités de mètre cube, marquent, comme dans les nombres ordinaires, des dizaines de mètres cubes, des centaines de mètres cubes, etc., et les chiffres à droite marquent, comme dans les autres décimales, des dixièmes, des centièmes, etc. de mètre cube. Ainsi, quand on désigne une grosseur par mèt. cub. 23,45, ceci veut dire, non pas : 2 décamètres cubes, 3 mètres cubes, 4 décimètres cubes et 5 centimètres cubes ; mais 23 mètres cubes, et 45 centièmes de mètre cube. (¹).

Cependant, quand le mètre cube est employé pour mesurer du bois, il prend le nom de *stère*, et il a, au-dessous de lui, le *décistère*, mesure dix fois plus petite. On n'emploie point le décastère, et autres mesures supérieures, et l'on néglige habituellement les mesures inférieures au décistère. Ainsi, exprimant une mesure de bois, on dira : 134 stères, 8 décistères ; ce qui est la même chose que mèt. cub. 134,8.

ART. 5. — MESURES DE CAPACITÉ.

La capacité d'un vase quelconque, équivaut à la grosseur de l'objet que ce vase pourrait contenir exactement. Aussi

---

(1) Pour comprendre qu'un dixième de mètre cube, par exemple, n'est pas la même chose qu'un décimètre cube, il faut songer que chacune des dix planches, dont nous avons supposé que le mètre cube était composé, forme un dixième de mètre cube. Or, chacune de ces planches, ayant un mètre ou dix décimètres de longueur sur un mètre ou dix décimètres de largeur, peut être divisée en 100 morceaux, qui auront chacun un décimètre de longueur, un décimètre de largeur et, de plus, un décimètre d'épaisseur, puisque telle est l'épaisseur de la planche entière. Il y a donc 100 décimètres cubes dans chaque planche, et, comme il y a 10 planches semblables dans le mètre cube, c'est donc 10 fois 100, c'est-à-dire 1000 décimètres cubes, qu'il y a dans un mètre cube.

se sert-on d'un cube pour mesurer la capacité, aussi bien que pour mesurer la grosseur.

Le cube dont on se sert pour mesurer les capacités, est un décimètre cube, c'est-à-dire un cube ayant un décimètre dans tous les sens : en longueur, en largeur et en épaisseur. On lui a donné le nom de *litre*.

Le litre a, au-dessus de lui, le *décalitre*, l'*hectolitre*. On ne se sert point du *kilolitre* et du *myrialitre*. Il a, au-dessous de lui, le *décilitre*, le *centilitre*. Le *millilitre* est très-peu usité.

Les bouteilles ordinaires tiennent à peu près un litre. Le *boisseau* commun vaut vingt litres ou deux décalitres, et de là vient qu'on le nomme *double-décalitre*, ou simplement *double*. Nos barriques contiennent près de 2 hectolitres 50 litres, ou 250 litres ([1]).

ART. 6. — MESURES DE PESANTEUR.

Le *gramme*, qui pèse un millilitre d'eau, est la mesure fondamentale des pesanteurs.

Il a, au-dessus de lui, le *décagramme*, l'*hectogramme*, le *kilogramme* et le *myriagramme*, et, au-dessous de lui, le *décigramme*, le *centigramme*, et le *milligramme*. On n'emploie guère que le kilogramme, le gramme et le milligramme.

Le kilogramme est à peu près le double de la *livre* ancienne, que l'on désigne encore souvent par un *demi-kilogramme*, plutôt que par 500 grammes, quoique ce soit la

---

(1) Nous avons vu, à la note précédente, qu'il y a 1000 décimètres cubes dans un mètre cube; or, puisque le litre n'est autre chose qu'un décimètre cube, il s'ensuit que, dans un mètre cube d'eau, par exemple, il y a 1000 litres, ou 4 barriques de 250 litres chacune.

même chose. Pour abréger, on est convenu de dire : *un kilo, deux kilos,* au lieu de : *un kilogramme, deux kilogrammes.*

Le gramme, avons-nous dit, est le poids d'un millilitre d'eau ; donc le litre, qui renferme 1000 millilitres, pèse 1000 grammes ; or 1000 grammes font un kilogramme ; donc le litre pèse un kilogramme. Mais nous avons vu aussi qu'une barrique ordinaire contient environ 250 litres ; donc elle pèse environ 250 kilos ou 500 livres.

ART. 7. — MONNAIES.

L'unité fondamentale de nos monnaies est le *franc.* Il y a bien plusieurs autres pièces de monnaie plus fortes, savoir les pièces de 2, de 5, de 10, de 20 et de 40 francs. Mais toutes les sommes au-dessus d'un franc, par quelques sortes de pièces qu'elles soient représentées, ne s'énoncent que sous le titre de francs.

Les fractions décimales du franc sont le *décime,* le *centime.* Quelques personnes y ajoutent le *millime,* en certains cas où l'on veut une exactitude plus grande.

Habituellement, on exprime les fractions du franc sous le nom de centimes, lors même qu'il n'y a que des décimes. Ainsi, que l'on ait fr. 6742,30, on ne dira pas : 6742 fr. 3 décimes ; mais 6742 fr. 30 centimes.

Nos monnaies d'argent pèsent 5 grammes le franc. Par conséquent, 100 fr. pèsent 500 grammes, ou une livre ancienne. On peut donc, par le poids d'un sac de pièces d'argent, juger la valeur qu'il renferme. Si, par exemple, il pèse 3 livres, ou 1 kil. 500 grammes, il renferme 300 fr.

RÉSUMÉ SYNOPTIQUE
DU SYSTÈME MÉTRIQUE.

ESPÈCES DE MESURES.	UNITÉS PRINCIPALES de chaque espèce de Mesures, avec leur valeur et leurs multiples ou sous-multiples plus usités.
LONGUEUR.	Myriamètre. Kilomètre. Hectomètre. Décamètre. MÈTRE (10,000,000ᵉ *partie du 1/4 de la circonférence terrestre.*) Décimètre. Centimètre. Millimètre.
SURFACE.	Myriamètre, kilomètre, etc., carrés. Hectare. ARE (*décamèt. car.*) pour les mesures agraires. Centiare.
VOLUME.	Myriamètre, kilomètre, etc., cubes. STÈRE (*mètre cube*) pour le bois. Décistère. Hectolitre. Décalitre. LITRE (*décimèt. cube*) pour le blé, le vin, etc. Décilitre. Centilitre. Millilitre.
PESANTEUR.	Myriagramme. Kilogramme. GRAMME (*millième partie d'un décimètre cube d'eau pure.*) Décigramme. Centigramme. Milligramme.
MONNAIES.	FRANC. Décime. Centime.

CHAPITRE SECOND.

OPÉRATIONS
Sur les Mesures, Poids et Monnaies du Système Légal [1].

ART. 1er. — ADDITION.

Cette opération se fait, sur les nombres décimaux, exactement comme sur les nombres entiers. On commence donc par écrire les différents nombres, de façon que les décimales de même espèce, aussi bien que les unités de même espèce, soient les unes au-dessous des autres : par conséquent, les dixièmes sous les dixièmes, les centièmes sous les centièmes, etc.

Vous avez réuni, dans une même cruche, litres 25,7 de vin, litres 8,43 d'eau, litre 0,205 d'eau-de-vie. Quelle est la

(1) Si nous ne parlons que d'opérations sur les mesures, poids et monnaies, c'est que, en effet, on a rarement à opérer sur d'autres matières ; mais, comme on va le voir, les mêmes procédés s'appliquent, sans aucun changement, à tous les nombres accompagnés de décimales, et l'on peut changer en décimales toutes les fractions ordinaires, ainsi que nous l'expliquerons à la fin de cette deuxième partie.

quantité de ce mélange ? Posez votre règle comme il vient d'être dit ; puis , faites-la à l'ordinaire ; vous trouvez , pour total du mélange , litres 34,335.

$$
\begin{aligned}
25&,7\\
8&,43\\
0&,205\\
\hline
34&,335
\end{aligned}
$$

La preuve se fait comme pour les additions des nombres entiers.

Cherchez , par une addition , dont vous ferez aussi la preuve,
la réponse aux questions suivantes :

267. Combien coûteront 3 douzaines de mouchoirs, si l'une est de fr. 18,40 ; l'autre , de fr. 21,25 , et la 3ᵉ de fr. 27,70 ?

268. Quelle est la longueur de 4 câbles, dont l'un est de mèt. 148,20 ; l'autre, de mèt. 217,75, et le 3ᵉ, de mèt. 190,50 ; le 4ᵉ, de mèt. 176,85 ?

269. On a transporté , de Lyon à Paris , 6 ballots qui pesaient : l'un , kilog. 175 ; l'autre, hectog. 3007,50 gram. ; le 3ᵉ, kil. 294,250 gram. ; le 4ᵉ et le 5ᵉ, chacun kil. 150,450 gram. ; le 6ᵉ kil. 92. Quel est le poids total de ces ballots ?

270. Une ferme contient hectares 875,70 ares de terre labourable , hect. 654,85 de prés , hect. 82,46 de bois , hect. 27,30 de pacage. Combien cela fait-il d'hectares et d'ares ?

271. Un jardinier vend 4 liasses d'oignons aux prix suivants : fr. 1,75, fr. 1,80 , fr. 2,10 , et fr. 2,05. Combien doit-il recevoir ?

272. Quel est le poids de la cargaison d'un navire chargé de kilog. 8000 de fer, kilog. 9205,500 d'acier, kilog. 759,85 de charbon de terre, et de kilog. 2075,2 de plomb ?

273. Une poissonnière a 4 pratiques qui lui donnent, chaque année, les sommes suivantes : fr. 248,75 , fr. 198,50 , fr. 274,35 et fr. 402,05. Pour combien leur vend-elle de poisson par an ?

274. Un marchand de bois reçoit : stères 289,75 , st. 3090,85 , st. 1600,50 , et st. 852. Faites le total de ce qui entre dans son chantier.

275. Une pièce de drap a coûté fr. 472,55 ; on la vend à fr. 119,80 de profit. Combien l'a-t-on vendue ?

276. Une servante a acheté pour fr. 2,70 d'œufs ; fr. 6,85 de beurre fr : 3,95 de poisson, et des légumes pour fr, 1,15. Combien a-t-elle dépensé ?

277. Dans un magasin, il y a 4 pains de résine qui pèsent : le 1er kil. 54,250 ; le 2e kil. 48,600 ; le 3e kil. 52,280 ; le 4e kil. 47,504. Quel est le poids total ?

278. Un marchand a reçu 5 pièces de vin : la 1re contient 185 litres, et coûte fr. 90,50 ; la 2e, de 2 hectolitres 4 décalitres 5 litres 8 centilitres, coûte fr. 105,50 ; la 3e contient 19 décal. 85 décil., et coûte fr. 129,75 ; la 4e, de 219 litres 17 centilit. coûte fr. 41,50, et la 5e, de 250 litres, coûte fr. 134,95. Dites : 1° le total de la contenance ; 2° le total du prix.

279. Un tisserand a fait 4 pièces de toile : l'une est de mèt. 48,25 ; l'autre, de mèt 52,07 ; la 3e, de mèt, 39,73 ; la 4e, de mèt. 90,10. Combien a-t-il fait de mètres de toile ?

280. Vous avez acheté, dans votre année, pour fr. 6,75 de papier écolier, fr. 5,15 de plumes, fr. 4,30 de livres, et fr. 1,80 de papier de couleur. De plus, vous avez acheté un crayon de fr. 0,30, et une règle de fr. 0,25. A combien s'élèvent vos dépenses de classe ?

281. On a vendu mèt. 29,06 d'une pièce de drap, et il en reste encore mèt. 15,84. De combien de mètres était la pièce ?

282. Une personne achette, en 3 fois différentes, litres 925,08 de cidre, pour fr. 68,35 ; lit. 1456,78, pour fr. 173,25 ; lit. 1259, pour fr. 124,55. Combien a-t-elle acheté de cidre en tout ? Combien a-t-elle payé ?

283. Un petit ramoneur a gagné : le lundi, fr. 0,80 ; le mardi, fr. 1,25 ; le mercredi, fr. 0,95 ; le jeudi, fr. 2,05 ; le vendredi, fr. 2,40 ; le samedi, fr. 3,10. Quelle a été sa recette de la semaine ?

284. Une personne a acheté 4 coupes de bois : la 1re a donné stères 9,4 ; la 2e, st. 0,95 ; la 3e, 5 stères ; la 4e, st. 8,75. Combien a-t-elle eu de stères dans ces 4 coupes ?

285. Cinq blocs de granit, mesurés au mètre cube, en contiennent : le 1er, mèt. cube 0,220 ; le 2e, 1,06 ; le 3e, 2,419 ; le 4e, 3,725 ; le 5e, 1,989. Dites quel est leur cube total.

286. Quelle est la quantité d'huile contenue dans 3 barils, si le 1er en contient kil. 99,250 ; le 2e, kil. 101,080 ; le 3e, kilog. 89,70 décag ?

ART. 2. — SOUSTRACTION.

La soustraction, aussi bien que l'addition, se pose, se fait et se prouve, pour les nombres décimaux, comme pour les nombres entiers.

De kil. 18,580 gr. de sucre que vous aviez achetés, vous avez dépensé kil. 6,050. Combien vous en reste-t-il? Votre soustraction posée et faite, en la manière ordinaire, vous trouvez qu'il vous reste, kil. 12,530 gr.

$$
\begin{array}{r}
18,580 \\
6,050 \\
\hline
12,530
\end{array}
$$

Un vase, qui contenait 2 lit. d'huile, en a laissé couler lit. 0,38. Combien en reste-t-il ?

$$
\begin{array}{r}
2 \\
0,38 \\
\hline
1,62
\end{array}
$$

Vous auriez pu, à la droite du nombre supérieur, mettre deux zéros, pour qu'il eût autant de chiffres décimaux que le nombre inférieur ; mais la chose n'était pas nécessaire, et vous avez fait l'opération comme si les deux zéros y eussent été.

Cherchez, par une soustraction, dont vous ferez aussi la preuve, la réponse aux questions suivantes :

287. Une pauvre femme avait une petite somme de fr. 1,20 ; elle y joint fr. 1,05 d'aumônes qu'elle a reçues dans la journée. Avec cette somme, elle a acheté un pain fr. 0,65 ; de la viande pour fr. 0,55 ; un fagot fr. 0,45. Combien lui reste-t-il ?

288. Une personne qui doit fr. 507,45, paie fr. 139,50. Combien doit-elle encore ?

289. Il est dû fr. 48,20 à un ouvrier pour 15 jours de travail ; sur cette somme, il reçoit un à-compte de fr. 21,75. Combien lui est-il encore dû ?

290. 3 pièces de vin contenaient chacune 281 litres 7 centilitres ; on a vendu 82 litres 5 centilitres de la 1re, 159 litres 90 centil. de la 2e, et 108 lit. 75 centil. de la 3e. Quelle quantité de vin reste-t-il de chaque pièce ?

291. Un voyageur avait myr. 18,2 à parcourir ; il a marché pendant 3 jours, et a fait : le 1er jour, myr. 3,8 ; le 2e jour, myr. 4,7 ; le 3e jour, myr. 6,4. Dites ce qu'il lui reste à faire.

292. Jean devait fr. 7246,45, et il n'avait que fr. 1857,50. Forcé d'emprunter, il eut recours à Bertin qui lui prêta fr 978,85, et à Laurent qui lui fournit le reste. Combien ce dernier lui a-t-il prêté ?

293. Ma sœur a reçu pour ses étrennes fr. 18,60, et mon frère, fr. 25,50. De combien les étrennes de mon frère surpassent-elles celles de ma sœur ?

294. Un étang a mèt. 105,50 de longueur, et mèt. 45,80 de largeur. De combien est-il plus long que large ?

295. La longueur d'une règle est de mètre 0,985 ; une autre règle a mètre 0,178. De combien la 1re est-elle plus longue que la 2me ?

296. Une personne avait dans sa poche fr. 92,75 ; elle en a perdu fr. 35,80. Combien lui en reste-t-il ?

297. Quelle est la différence de deux rubans, dont l'un a mèt. 0,052, et l'autre, 0,036 ?

298. Dans une classe il y a 2 tables : la 1re est de mèt. 3,45 ; la 2e, de mèt. 4,33. Or, pour les 24 élèves de cette classe, il faut 11 mèt. De quelle longueur doit être la 3e table, qu'il s'agit d'ajouter aux deux premières ?

299. On donne fr. 164,25, pour un objet qu'on doit payer fr. 146,50. De combien se trompe-t-on ?

300. On a coupé mèt. 0,89 d'un morceau d'étoffe qui en avait 3 mèt. Combien en reste-t-il ?

301. Une personne avait acheté 9 stères de bois; elle en a brûlé stères 7,50. Combien en a-t-elle encore?

302. Le parc d'un château est de hect 896,50, et la prairie est de 784,70. Quelle est la différence?

303. Une personne devait fr. 175,50 à son boulanger, et fr. 180,30 à son boucher; elle a donné un à-compte de fr. 86,80 au 1er, et un de fr. 95,75 au 2e. Combien doit-elle encore à l'un et à l'autre?

304. Dans une raffinerie de sucre, il en a été fabriqué kilog. 4604,400, et vendu 5678 kilogram. Combien doit-il en rester à vendre?

305. Il manque à une personne fr. 672,75, pour qu'elle puisse acquitter une dette de fr. 2601,20. Quelle somme a-t-elle?

306. Le poids total d'un vase et du liquide qu'il contient, est de kilog. 1,204; le vase vide pèse 520 gram. Quel est le poids du liquide?

ART. 3. — MULTIPLICATION.

Nous avons déjà vu que, pour multiplier un nombre décimal par 10, il suffit d'avancer la virgule d'un chiffre vers la droite; et qu'en l'avançant de 2, de 3, de 4 places, on rend le nombre 100, 1000, 10000 fois plus grand.

Dites-nous combien coûteront 10 rames de papier à fr. 7,45 la rame. Il s'agit, comme vous voyez, de multiplier fr. 7,45 par 10, ou, en d'autres termes, de rendre la somme de fr. 7,45 dix fois plus forte. Pour cela, portez la virgule entre 4 et 5, et vous aurez fr. 74,5, prix de 10 rames de papier à fr. 7,45 l'une?

Combien vaut un décalitre d'eau-de-vie à fr. 1,30 le litre? Un décalitre, renfermant 10 litres, vaut 10 fois fr. 1,30. Donc, pour avoir le prix d'un décalitre, il faut multiplier le prix du litre, fr. 1,30, par 10, ce que vous faites encore en repoussant la virgule sur la droite, et vous avez 13 fr. pour prix du décalitre.

Cherchez , par ce même moyen , la réponse aux questions suivantes :

307. Quel est le prix de 10 kilos de chocolat, lorsqu'un kilo coûte fr. 9,25 ?

308. Combien faut-il payer pour mèt. 59,50 d'étoffe, à raison de 10 fr. le mètre ?

309. Un épicier a fait venir 100 kilos de sucre qu'on lui vend fr. 1,85 le kil, Combien doit-il ?

310. Un propriétaire récolte 1000 hectolitres d'huile qu'il vend fr. 0,55 le litre. Quel est son revenu ?

311. Un matelot, revenant de la Chine avec une petite cargaison, vous demande ce qu'il aura d'argent s'il vend ses 10 boîtes de thé, 23,75 chacune ; 40 foulards, fr. 17,25 la pièce ; 100 dessins sur papier de riz, fr. 2,05 chacun ; 7 petits objets en laque, 10 fr. la pièce ?

312. Une douzaine d'oranges coûte 1,50 fr. Combien coûteront 10 caisses qui en contiennent chacune 10 douzaines ?

313. Combien pèse un millier de briques dont le poids moyen est de kil 1,035 ?

314. Combien coûteront 100 feuilles d'images, à fr. 1,25 la feuille ?

Que devez-vous pour 7 mètres d'étoffe, à fr. 14,55 le mètre? Vous le saurez, en multipliant fr. 14,55 par 7. Pour cela, supprimez la virgule qui sépare les francs d'avec les centimes, et multipliez 1455 par 7. Votre produit sera 10185. Mais, par la suppression de la virgule, vous avez rendu le nombre multiplié, 1455, cent fois plus fort qu'il n'est réellement ; il s'ensuit que le produit, 10185, est lui-même 100 fois trop fort ; donc, pour donner à ce produit sa juste valeur, il faut le rendre 100 fois plus petit, et, pour cela, vous devez retrancher, par une virgule, deux chiffres sur la droite. Vous aurez ainsi, non plus 10185 fr., mais fr. 101,85, pour prix des 7 mètres d'étoffe.

Cherchez , par une multiplication semblable , la réponse aux questions suivantes :

315. Quel est le prix de 386 décalitres de froment , lorsque le prix d'un décalitre est de fr. 3,20 ?

316. Un millier de plumes coûte fr. 29,35. Combien coûteront 49 milliers ?

317. Combien faut-il payer à 5 ouvriers , qui ont travaillé pendant 17 jours, à raison de fr. 2,75 par jour ?

318. Quel est le prix de kilos 41,250 de laine. à 4 francs le kilo ?

319. Que faut-il payer pour 71 mètres de drap , à raison de fr. 17,80 le mètre ?

320. Combien y a-t-il de litres de vinaigre dans 25 pièces, si chacune en contient. hectol. 2,25 ?

321. Quelle est la hauteur d'un escalier qui a 116 marches, si chacune a mèt. 0,158 d'élévation ?

322. 15 ouvriers ont entrepris de défricher chacun ares 9,75 de terre. Quelle sera l'étendue de leur défrichement ?

323. Un militaire a voyagé pendant 27 jours , faisant kilom. 19,800 par jour. Quelle distance a-t-il parcourue ?

324. Combien y a-t-il d'hectolitres de bière dans 273 fûts , si chacun en contient hectol. 1,59 ?

325. Si un sac de pommes de terre coûte fr, 2,05 , combien coûteront 36 sacs semblables ?

326. Combien d'ares occuperont 341 arbres , si à chacun l'on donne are 0,08 ?

327. Quelle quantité de beurre faut-il pour en donner kil. 0,015 à 69 enfants ?

J'ai acheté mèt. 38,125 de galon, à raison de fr. 0,25 le mètre. Combien dois-je au marchand ? Il s'agit de multiplier 0,25 par 38,125 ou 38,125 par 0,25.

Faites l'opération, comme s'il n'y avait de virgule ni dans un nombre ni dans l'autre, c'est-à-dire multipliez 38125 par 25. Vous obtenez 953225. Ce produit est mille fois trop fort, puisque, par la suppression de la virgule, vous avez rendu le nombre 38,125 mille fois plus fort qu'il n'est réellement. Vous devez donc, pour cela seul, rendre le produit 953225 mille fois plus faible, en séparant, par une virgule, les trois chiffres de droite, ce qui le réduira à 953,225. Mais, de plus, vous avez aussi rendu le nombre 0,25 cent fois trop fort, en lui ôtant sa virgule, et, par là, vous avez également rendu votre produit cent fois trop fort. Vous devez donc le réduire à 100 fois moins, en rapprochant encore de deux chiffres la virgule, déjà rapprochée de trois. Vous aurez ainsi pour produit vrai fr. 9,53225, (c'est-à-dire fr. 9,53, en négligeant le reste).

Vous voyez, par cet exemple, qu'on multiplie comme s'il n'y avait pas de virgules, mais que ensuite on retranche, au produit, autant de chiffres décimaux qu'il y en a dans les deux nombres qu'on a multipliés l'un par l'autre.

Cherchez , par une multiplication semblable , la réponse aux questions suivantes :

328. Quel est le prix de kilos 592,520 de sel , lorsque le kilo est de fr. 0,35 ?

329. On doit kilos 197,075 de viande , au prix de fr. 0,80 le kilo. Combien doit-on payer ?

330. Une barrique de vin contient lit. 223,8. Dites ce qu'elle a coûté, si le litre revient à fr. 0,58.

331. Julie a acheté mèt. 52,75 de calicot, à fr. 0,65 le mètre. Combien a-t-elle dû payer ?

332. Il a été donné à un malade, dans le cours de sa maladie, grammes 75,08 de sulfate de quinine. Quelle a été la somme dépensée pour ce médicament, s'il coûte fr. 0,42 le gramme ?

333. Quel est le prix de mètres 548,29 de ruban , à fr. 0,55 le mètre ?

334. Quelle longueur formeraient toutes les lignes d'un livre, mises à la suite les unes des autres, si ce livre a 325 pages, et chaque page , 41 lignes longues de mèt. 0,115 ?

335. Un marchand a reçu 14 pièces d'indienne, contenant chacune mètres 47,58 à fr. 0,95 le mèt. Combien doit-il payer?

336. Que doit un voyageur, pour prix de la voiture, s'il a fait kilom. 1579,800, et qu'il doive payer fr. 0,125 par kilomètre?

337. Un marchand de bois a fourni 172 planches de 3 mètres, au prix de fr. 0,35 le mètre. Combien lui est-il dû?

On vous vend kil. 0,125 de pain, à raison de fr. 0,40 le kil. Combien avez-vous à payer?

Faites votre opération comme ci-dessus, en multipliant 125 par 40, ce qui vous donne, pour produit, 5000. Mais vos deux nombres ensemble ont 5 chiffres décimaux; c'est donc 5 chiffres à séparer, sur la droite de votre produit. Comment faire? Il n'y en a que 4. Suppléez au reste par des zéros, et vous aurez fr. 0,05000, ou simplement fr. 0,05, pour prix de kil. 0,125 de pain.

Cherchez, par une multiplication semblable, la réponse aux questions suivantes :

338. Si le mètre de galon vaut fr. 0,35, quel est le prix de mètre 0,25?

339. Combien valent mètre 0,65 de gance à fr. 0,15 le mètre?

340. Si le kilo de sel vaut fr. 0,20, combien coûteront 340 grammes.

341. Quel est le prix de kil. 0,122 gram. de gomme, à 2 fr. le kilo?

342. Une petite fille a brodé mèt. 0,45 de tulle, à raison de fr. 0,35 le mèt. Combien doit-elle recevoir?

343. Combien coûtent kil. 0,125 de réglisse, à fr. 0,95 le kilo?

344. Une lingère demande combien elle recevra, pour mèt. 0,64 d'ouvrage à fr. 0,90 le mètre.

345. Vous avez acheté kil. 0,180 de sucre à fr. 0,85 le kilo. Combien avez-vous dû donner d'argent?

ART. 4. — DIVISION.

Rien de plus facile que de diviser un nombre décimal par 10, par 100, par 1000, etc. : il suffit de repousser la virgule d'une place sur la gauche. En effet, cela seul rend 10, 100, 1000 fois plus faible la valeur de chaque chiffre ; par conséquent, le nombre ainsi réduit n'est plus que la 10ᵉ, 100ᵉ, 1000ᵉ partie de lui-même, et c'est là ce qu'on cherche.

Quand donc 10 hectolitres de froment coûtent 154 francs, il est facile de savoir quel est le prix d'un hectolitre. Ce prix est évidemment dix fois plus petit que celui de 10 hectolitres ; il ne s'agit donc, pour l'obtenir, que de rendre dix fois plus petit le prix des 10 hectolitres, et, pour cela, vous placez une virgule entre 5 et 4, ce qui vous donne fr. 15,40 pour prix d'un hectolitre.

Si le stère de bois coûte 15 fr., à combien revient le décistère? Le décistère, étant le dixième du stère, coûte le dixième de 15 fr., il faut donc chercher ce dixième de 15 fr., et, pour cela, vous reculez la virgule d'une place sur la gauche : fr. 1,50 est le prix du décistère.

Cherchez, par une opération semblable, la réponse aux questions suivantes :

346. Un père de famille partage, entre ses 10 enfants, un bien qui vaut 79850 fr. Quelle est la valeur de la part de chaque enfant?

347. Lorsque l'eau-de-vie coûte 120 fr. l'hectolitre, à combien revient le litre?

348. Une personne, qui a acheté pour 9 fr. un stère de bois, en cède, au même prix, un décistère à une de ses voisines. Combien celle-ci lui doit-elle?

5

349. Une lingère partage, en bandes de 10 centimètres, un mètre de mousseline qui lui a coûté 12 fr. A combien lui revient chaque bande?

350. On désire savoir combien il faudra de pages, pour copier 750 lignes, si chaque page ne doit contenir que 10 lignes.

351. Le litre de vieux rhum de la Jamaïque coûte 12 fr. Quel est le prix du décilitre?

352. 125 grammes de sucre candi ont été distribués à 10 petites filles. Combien chacune en a-t-elle reçu?

353. Un marchand a acheté 265 kilog, d'huile, à raison de 1 fr. le kilo. A combien revient le gramme?

354. Combien doit-on payer un gramme de soie, quand le kilo coûte 17 fr.?

355. 100 cierges pèsent ensemble kil. 75,850. Quel est le poids de chaque cierge?

On voudrait savoir combien on peut prendre de chemises dans une pièce de toile de mèt. 21,2, en supposant qu'il en faille mèt. 2,65 pour chaque chemise. Il s'agit de savoir combien de fois mètres 2,65 sont contenus dans mètres 21,2, ou, en d'autres termes, de diviser mèt. 21,2 par mèt. 2,65.

Remarquez que 2 mètres 65 centimètres sont la même chose que 265 centimètres, puisque chaque mètre vaut 100 centimètres. Par la même raison, mèt. 21,2 ou 21,20 valent 2120 centimètres. Eh bien! supposez votre dividende mètre 21,20, et votre diviseur mèt. 2,65, changés l'un et l'autre en centimètres, ce qui ne change rien à leur valeur, et vous aurez à diviser 2120 par 265. Cette division vous donnera 8 pour quotient, par conséquent pour le nombre des chemises que vous pouvez faire avec votre pièce de toile.

Vous voyez, par cet exemple, qu'il s'agit simplement de réduire le dividende et le diviseur à la même espèce de décimales, en ajoutant, à celui d'entre eux qui a moins de chiffres décimaux, assez de zéros pour qu'il en ait autant que l'autre, puis de supprimer la virgule dans tous les deux. Après quoi, la division se fait à l'ordinaire, sans qu'il y ait rien à changer au quotient. En effet, si, d'un côté on a rendu le nombre à diviser 10 ou 100 fois plus fort, et que, d'un autre côté, on ait aussi rendu 10 ou 100 fois plus fort le nombre diviseur, il y a compensation. Ainsi 2, par exemple, est contenu dans 6, juste autant de fois que 20 est contenu dans 60.

Cherchez, par une division semblable, la réponse aux questions suivantes :

356. Combien un libraire a-t-il vendu de volumes, s'il a reçu fr. 153,60, et que les volumes aient été vendus l'un dans l'autre francs 2,40 ?

357. Un épicier a acheté pour fr. 658,65 de sucre, qu'il a payé fr. 1,55 le kilo. Combien a t-il acheté de kilog.?

358. On vient d'acheter, dans un pensionnat, mèt. 411,60 de coton pour faire des rideaux de lit. Combien en aura-t-on, s'il faut mèt. 9,8 pour chaque rideau ?

359. Une personne a acheté mèt. 74,25 de toile, pour faire des sarraux aux enfants pauvres de sa paroisse. Combien en fera-t-elle, s'il faut mèt. 2,25 par sarrau ?

360. Il a été barratté, dans une ferme, litres 262,5 de lait. Quelle quantité de beurre a-t-on eue, s'il a fallu litres 18,75 de lait par kilo ?

361. Lorsque le stère de bois se vend fr. 6,15, combien faut-il en vendre pour avoir fr. 5664,15 ?

362 Un ouvrier reçoit fr. 1,50 par jour. Dans combien de jours aura-t-il gagné fr. 88,50 ?

363. Pour fr. 1966,20, combien aura-t-on de mètres d'une étoffe qui se vend fr. 5,65 le mèt.?

364. Une personne achette mèt. 36,3 d'indienne. Combien pourra-t-elle habiller de petites pauvres, si, pour une robe, il faut mètre 6,05 ?

365. Combien faut-il de bouteilles pour contenir litres 87,48 de sirop, si la contenance de chaque bouteille est de litre 1,08?

Combien y a-t-il de cornets de tabac de kil. 0,050 dans un vase qui en contient 6 kil.? Autant que kil. 0,050 sont contenus de fois dans 6 kil. Il faut donc diviser 6 par 0,050, et, pour cela, il faut commencer par réduire les deux nombres, à avoir autant de chiffres décimaux que celui d'entre eux qui en a le plus. C'est donc trois zéros qu'il faut ajouter à 6 pour avoir 6,000. Retranchant ensuite les virgules et les zéros inutiles à gauche, on a 6000 à diviser par 50. Mais on peut encore retrancher un zéro sur la droite de chacun des deux nombres, sans rien changer au quotient, et l'opération se réduit ainsi à diviser 600 par 5, ce qui donne 120 pour quotient, c'est-à-dire pour nombre des cornets.

Cherchez, par une division semblable, la réponse aux questions suivantes :

366. Un pâtissier a préparé 4 kil. de pâte pour faire des brioches. Combien en fera-t-il, si dans chacune il entre kil. 0,016 de pâte ?

367. Si une plume coûte fr. 0,035, combien en aurez-vous pour fr. 4,20 ?

368. Vous avez acheté une pièce de galon qui vous coûte 2 fr. Combien en avez-vous de mètres, si chaque mètre revient à fr. 0,025 ?

369. Une petite fille reçoit pour ses étrennes 2 kil. de dragées, qu'elle veut partager également entre ses compagnes ; elle leur envoie donc à chacune un petit sac de kil. 0,125. Dites-nous à combien de personnes elle en a envoyé.

370. Combien faudra-t-il de bouteilles pour contenir 9 litres d'encre, si une bouteille en contient lit. 0,50 ?

371. Une personne est chargée de distribuer 49 kil. de pain. On demande à combien de pauvres elle les distribue, si chaque morceau est de kil. 0,020.

372. Un propriétaire a fait mettre des espaliers dans son jardin. Il a pour 45 fr. de patefiches, qu'il sait valoir fr. 0,15 l'une. Pour s'assurer qu'on ne l'a pas trompé , il compte les patefiches. Combien doit-il en trouver ?

373. Quelle quantité de sacs de café moulu aurez-vous dans 6 kilos., si chaque sac est de kil. 0,120 ?

374. Un pharmacien demande combien il fera de pillules avec 52 grammes , s'il entre gram. 0,005 dans chaque pillule.

375. Un confiseur, pour faire des bâtons de sucre de gomme de 25 grammes , emploie 18 kil. de sucre. Dites combien il aura de bâtons.

Trente-six hommes ont à se partager un bénéfice de 621 fr. Combien revient-il à chacun d'eux ?

Faites la division , comme ci-dessous, et vous trouverez 17 fr. pour chaque part. Mais il reste 9 fr. ; qu'en faire ? Changez-les en décimes , en ajoutant un zéro à la suite de 9, et divisez ces 90 décimes. Chaque homme en aura 2 , que vous écrivez , au quotient , à la suite des 17 fr., en les en séparant par une virgule. Il vous reste 18 décimes, faites-en des centimes , en ajoutant un nouveau zéro , et divisez ces 180 centimes. Chaque part sera de 5 , que vous écrirez à la suite des décimes. Vous aurez ainsi , pour la part totale de chaque homme , fr. 17,25.

```
621  | 36
 36  |————
———— | 17,25
261
252
————
 090
  72
————
 180
 180
————
   0
```

Cherchez, par une division semblable, la réponse aux questions suivantes :

376. On distribue, par an, dans une ville, 7279 kil. de pain à 58 familles pauvres. Combien reçoit chacune d'elles?

377. Pour faire 25 paires de draps, il a fallu 283 mètres de toile. Quelle est la quantité employée pour chaque paire?

378. Quarante-cinq moutons ont été vendus 594 fr. Quel a été le prix de chaque mouton?

379. On vient d'acheter, pour la classe, 52 rames de papier qui coûtent 247 fr. A combien revient la rame?

380. Pendant six mois, 75 ouvriers associés ont gagné 9657 fr. Quel est le gain de chacun?

381. Combien aura-t-on de mètres de mousseline pour 140 fr., si le mètre coûte 8 fr.?

382. Une fabrique a vendu 125 pièces de calicot. Quel a été le prix de chaque pièce, s'il a été reçu 2855 fr. pour la totalité?

383. La recette du bureau de charité a été, cette année, de 11072 fr. Combien chaque pauvre recevra-t-il sur cette somme, si le partage se fait également, et qu'il y ait 256 personnes inscrites sur les registres du bureau?

384. Vingt-cinq personnes se sont associées pour une bonne œuvre, et ont formé une bourse de 2978 fr. Quelle a été la mise de chacune?

385. La dépense annuelle d'une personne est de 1047 fr. Quelle est la dépense moyenne de chaque mois?

Les exemples précédents vous donnent ce que nous avions promis, page 64, la manière de partager les restes de division. Vous ajoutez un zéro à la suite des unités qui restent, pour les changer en dixièmes, et, divisant ces dixièmes, vous en portez le quotient à la suite du quotient des unités. Vous changez de même le reste des dixièmes en centièmes, au moyen d'un second zéro, et vous divisez ces centièmes. Vous allez ainsi jusqu'au bout, ou jusqu'à ce qu'il vous plaise de vous arrêter.

On vous a chargée de partager, avec la plus scrupuleuse exactitude, un litre de liqueur entre 53 personnes. Combien en devez-vous donner à chacune? Pour le savoir, vous faites la division qui suit :

$$
\begin{array}{r|l}
100 & 53 \\
53 & \\ \hline
& 0,0188679 \\
470 & \\
424 & \\ \hline
460 & \\
424 & \\ \hline
360 & \\
318 & \\ \hline
420 & \\
371 & \\ \hline
490 & \\
477 & \\ \hline
13 & \\
\end{array}
$$

Mais il y a plusieurs remarques à faire sur ce cas :

Vous avez bien compris sans doute pourquoi il y a zéro aux unités du quotient. C'est que, en effet, n'ayant qu'un litre à partager entre 53 personnes, vous n'avez pu en donner un à chacune d'elles. Vous avez donc changé le litre en 10 décilitres ; mais il n'y en avait pas encore pour chacune des 53 personnes ; donc encore un zéro au quotient. Enfin, les décilitres étant changés en 100 centilitres ; chaque copartageant a pu avoir 1 centilitre, et il vous est resté à diviser 47 centilitres, qu'un zéro a changés en 470 millilitres ; chacun en a eu 8, avec un reste de 46 millilitres à partager. Voulant porter l'exactitude encore plus loin, vous avez réduit ces millilitres en dix millièmes du litre ;

puis le reste de cette nouvelle division a été changé en cent millièmes, et vous avez ainsi poussé la division jusqu'aux dix millionièmes. Il vous en reste 13 à partager, et vous pourriez pousser encore plus loin ; mais évidemment il est temps de s'arrêter, et même vous auriez pu, sans manquer au devoir, vous arrêter plus tôt. Seulement, si vous vous étiez arrêtée aux centilitres, il est clair qu'il eût été plus exact de mettre 2 que 1, car le quotient rigoureusement vrai, lit 0,018, se rapproche plus de 2 centilitres que de 1.

Poussez, jusqu'à la 4ᵉ décimale, toutes les divisions que demandent les questions suivantes, et augmentez de 1, quand il y aura lieu, cette 4ᵉ décimale.

386. Une personne charitable distribue tous les jours 15 fr. à 73 pauvres. Combien chacun reçoit-il?

387. Lorsque 12 douzaines de crayon coûtent 13 fr., quel est le prix d'un crayon?

388. Dans une classe de 56 élèves il se dépense, par mois, 4 litres d'encre. Quelle est la consommation qu'en fait chaque élève?

389. Une barre de savon, pesant 3 kilog., a été partagée entre 32 laveuses. Dites la quantité que chacune a reçue.

390. 3 kilos de raisins secs ont été distribués aux 70 élèves qui composent un pensionnat. Quelle a été la part de chacune?

391. On a fait 23 bonnets avec 9 mètres de mousseline. On demande quelle est la quantité employée pour chaque bonnet.

392. Il se consomme dans une maison 39 stères de bois par hiver. Combien en brûle-t-on par jour, supposant qu'on y fasse du feu pendant 205 jours?

393. Pour contenir 19 hectolitres de vin, il a fallu 1905 bouteilles. Quelle était la contenance de chacune d'elles?

Nous avions dit (page 69), que vous verriez plus tard la manière d'opérer sur les fractions et les nombres fractionnaires : les exemples précédents vous l'indiquent. Rappelez-vous que le chiffre supérieur d'une fraction peut être considéré comme un dividende, dont le chiffre inférieur est le diviseur. Il est donc toujours facile, au moyen d'une division, de réduire une fraction ordinaire en fraction décimale. Or, une fois que cette réduction est faite, on opère sur cette fraction comme dans les problèmes précédents. ([1]).

Que, par exemple, vous ayez à additionner $\frac{3}{8}$ et $\frac{8}{25}$, vous commencez par réduire, comme il suit, chacune de ces fractions ordinaires en fractions décimales :

30	8		80	25
24	0,375		75	0,32
60			50	
56			50	
40			0	
40				
0				

Vous avez, pour la 1re : 0,375, et pour la 2e : 0,32. Il ne s'agit plus, pour obtenir le total demandé, que d'additionner ces deux nombres, ce qui nous donne 0,695.

Résolvez les problèmes suivants :

394. J'ai trois restes de bougies : le 1er est 3/4 d'une bougie entière ; le 2e, 5/8 ; le 3e, 2/5. A combien de bougies entières équivalent ces trois restes ensemble ?

395. Julie reçoit un sac de dragées ; elle en donne 1/3 à sa sœur, et 1/4 à son frère. Combien lui en reste-t-il ?

396. Une dame charitable a fait une distribution de pommes de terre à 24 pauvres, et chacun d'eux en a reçu 3/4 de sac. Combien de sacs ont été ainsi distribués ?

---

(1) Il y a bien une manière d'opérer sur les fractions ordinaires, sans les réduire en fractions décimales ; mais, généralement, elle n'est pas plus expéditive, et d'ailleurs, comme on a si rarement à l'employer, on l'oublie bien vite, au point de ne plus pouvoir s'en servir au besoin.

5*

397. Il vous reste à écrire 4/5 d'un cahier, et vous voudriez n'en écrire que 1/10 par jour. Combien de jours durera votre travail ?

Les nombres fractionnaires n'offrent pas plus de difficultés que les fractions ; car il est toujours facile de les réduire eux-mêmes à la forme de simples fractions. En effet, qu'on ait, par exemple, à opérer sur 7 unités 2/5 on dira : puisque chaque unité vaut 5 cinquièmes, 7 unités valent 7 fois 5 cinquièmes ou $\frac{35}{5}$; donc, en ajoutant à ces $\frac{35}{5}$ les 2/5 que j'ai de plus, j'aurai $\frac{37}{5}$ pour exprimer, sous la forme de fraction, la valeur totale de 7 $\frac{2}{5}$.

Résolvez les problèmes suivants :

398. Une ouvrière a travaillé en trois différents temps : la 1re fois, 2 jours 1/2 ; la 2e, 4 j. 1/3 ; la 3e, 5 j. 3/4. Quel est le total de son travail ?

399. Une famille avait, hier, 3 pains 1/2, et il ne lui en reste aujourd'hui que 2 1/3. Combien en a-t-elle dépensé depuis hier ?

400. Si chacun des 28 arbres d'un verger donne 4 sacs et 1/5 de fruits, quelle sera la récolte entière ?

401. Il y a dans un champ 69 sillons, dont 8 3/4 sont déjà moissonnés ; huit personnes viennent couper le reste du blé. Combien chacune a-t-elle de sillons ou parties de sillon à moissonner ?

RÉCAPITULATION

des Exercices de la seconde Partie [(1)].

402. Un fermier a vendu pour fr. 750,80 de froment ; pour fr. 290,25 de pommes ; pour 72 fr. de navets. Dites ce qu'il a dû recevoir d'argent.

---

(1) Avant de faire cette récapitulation, il convient de repasser une fois, et peut-être deux, tout ce qui précède.

403. Si une orange se vend fr. 0,15, à combien revient le cent ?

404. Une plume a coûté fr. 0,025. Quel sera le prix du paquet de 25 plumes

405. Une personne doit fr. 367,50 ; elle donne 278 fr. à compte. Combien lui reste-t-il à payer ?

406. Lorsque le décalitre d'orge coûte fr. 1,15, quel est le prix de 49 hect. ?

407. Un jardin, contenant ares 45,60, a été vendu à raison de 1700 fr, l'hectare. Dites le prix de cette propriété.

408. Combien y a-t-il de minutes dans 37 jours 8 heures 45 minutes?

409. Combien est-il dû à un voiturier pour le transport de 8648 kilog. de marchandises, à raison de 5 centimes par kilo ?

410. Un marchand a acheté hectol. 42,08 de blé ; on lui en a déjà livré kilol. 2,190. Combien doit-il en recevoir encore ?

411. Vous avez payé 12 assiettes, à fr. 0,15 l'une ; 4 plats, à fr. 1,05 ; 8 pots, à fr. 0,90 ; 15 bouteilles, à fr. 0,22 ; 9 verres, à fr. 0,11. Combien avez-vous donné d'argent ?

412. 92 barils contiennent ensemble hectol. 68,27 d'huile. Combien y a-t-il d'huile dans chaque baril ?

413. Combien y a-t-il de jours, d'heures et de minutes dans 17806 minutes ?

414. Combien un ouvrier fera-t-il de douzaines de pointes, avec 8 fils de fer, longs de mèt. 17,20 chacun, si, pour chaque pointe, il faut une longueur de mèt. 0,045?

415. La fille d'un jardinier a 10 plates-bandes à sarcler, et, chaque jour, elle ne peut en sarcler que $2/3$ d'une plate-bande. Combien de jours lui faudra-t-il pour terminer son ouvrage ?

416. Constance a fait 2 fois $1/2$ le tour de l'enclos en 1 heure 40 minutes. Combien a-t-elle employé de minutes à chaque tour ?

417. Si l'on partage tout le linge d'une lessive, de manière à en laver $3/4$ le premier jour avec 10 laveuses, et $1/4$ le second jour avec 4 laveuses. Combien les laveuses du premier jour auront-elles travaillé, de plus ou de moins que les laveuses du second jour ?

418. Le poids brut d'une caisse, remplie de pièces de monnaie d'argent, est de kilog. 120,734 ; la caisse pèse seule kilog 6,166. Dites quelle est la somme contenue dans la caisse.

419. 9 ouvriers ont employé chacun 3 jours 7 heures 25 minutes à faire 86 mètres de toile. Dites-nous : 1° combien tous ces ouvriers ensemble ont employé de minutes ; 2° combien de minutes de travail chaque mètre de toile a exigées ; 3° combien ces minutes, employées à faire un mètre, font d'heures et de minutes.

420. Un vase rempli d'eau pèse 25 kilog., et l'on sait que le vase vide pèse 5 kilog. 50. Quelle est sa capacité ?

421. On sait qu'un litre de vin de Bordeaux pèse kil. 0,993. Combien y a-t-il de litres de ce vin dans une pièce du poids de 290 kilos, et dont le fût seul pèse 50 kilog. ?

422. Combien d'heures et de minutes faudra-t-il que coule un robinet qui donne 4 litres par minute, pour remplir un vase dont la capacité est de mil. 0,865 ?

423. Un homme de force ordinaire peut porter 125 kil. On demande combien il pourrait porter de litres d'eau.

424. 3 bassins de même grandeur contiennent ensemble 346 kilos. Combien chaque bassin renferme-t-il de mètres cubes ?

425. Combien six barriques, qui contiennent chacune 250 lit., renferment-t-elles de mètres cubes, et de parties de mètre cube ?

426. Combien faudra-t-il de temps pour vider un bassin qui renferme 14 mèt. cubes d'eau, si l'on en puise, chaque jour, 2 hectolitres ?

427. Une caisse a, de capacité, m. cubes 0,396, et une autre renferme 18 décalit. de froment. Quelle différence y a-t-il entre le cube de ces deux caisses ?

428. Combien faudrait-il de litres de vin, pour remplir une cruche contenant mèt. cubes 0,85 ?

429. Trois meubles remplis de haricots ont ensemble une capacité de m. cub. 2,45. Combien doit être payé tout ce qu'ils renferment, si le décalitre de haricots est estimé fr. 1,50 ?

430. Un sac qui, à lui seul, pèse 45 grammes, renferme 150 pièces de 5 fr. et 230 pièces de 2 fr. ; le reste est en pièces de 1 fr. Avec tout ce contenu, le sac pèse kil. 6,855. On vous demande : 1° Quelle est la somme contenue dans ce sac ; 2° combien il renferme de pièces d'un franc.

431. Un château est mis en vente : on demande , pour prix , que la 1re croisée soit payée 1 centime ; la 2e, 2 centimes ; la 3e, 4 centimes ; la 4e, 8 centimes, et ainsi , toujours en doublant, pour chacune des 32 croisées de façade. Quel serait le prix de cette propriété ?

432. Combien est-il encore dû à Paul , après qu'il a fait le reçu suivant :

Je soussigné reconnais avoir reçu de Ernest Brémond la somme de cent quatre-vingt quinze francs cinquante centimes, *à valoir sur celle de* deux cent soixante-dix francs, *dont il m'était redevable , d'après notre règlement de compte du 15 mai dernier.*

Redon , ce 6 septembre 1852.

PAUL CHARRIER.

433. Combien devez-vous à une marchande qui vous a envoyé la facture ci-dessous ?

Doit Melle E. Prévost, à Marie Barbin , mercière.

1852				FR.	C.
Juin	7	*4 écheveaux de fil.............*		»	40
	»	*1/2 cent d'aiguilles............*		1	50
	15	*55 gr. laine de Berlin.........*		1	25
	29	*75 » » mérinos.........*		1	05
Juillet	3	*Coton à faufiler..............*		»	10
	»	*5 gr. soie noire...............*		»	30
	»	*4 mèt. galon..................*		»	60
	22	*Boîte épingles à tête plate......*		1	35
	26	*6 pièces cordonnet.............*		»	30
		Total			

434. Une personne, qui veut se rendre compte de ses dépenses de table pendant la semaine, fait la note suivante, et vous en demande le total :

1852				FR.	C.
Août	2	150 *gr. café, à fr. 3,10 le kil...*			
	»	*1 kil. riz....................*		»	90
	5	*250 gr. sucre................*		»	35
	»	*Kil. 1,500 beurre...........*		2	50
	»	*1 douzaine d'œufs...........*		»	25
	4	*Légumes et lait.............*		2	05
	5	*Payé au boulanger...........*		2	15
	»	*» boucher...........*		1	90
	7	*Fruits......................*		»	70
		Total			

435. Dites-nous le montant du mémoire suivant :

Doit Mme **Mesnard** *à* **Julie Giroux,** *épicière.*

1852			FR.	C.
Août	24	*Un pain de sucre, kil. 6,025, à F. 1,80...................*		
		8 kil. chandelles de Morlaix, à F. 1,45..................		
Septemb.	9	*5 kil. cassonnade, à F. 1,05...*		
	24	*1 kil. poivre fin, à F. 2,25....*		
		4 kil. 075 savon, à F. 0,90....		
	30	*3 lit. 50 huile d'olives, à F. 1,35.*		
		2 kil. 075 fromage de Gruyère, à F. 1,70...................		
		Total		

436. Un propriétaire reçoit annuellement :

D'une ferme............................	F. 1290	»
D'une maison.........................	980	»
D'un jardin...........................	265	»
De rente sur l'État	5000	»

Il fait les dépenses suivantes :

Pain.................................	F. 548	50
Viande et poisson.....................	650	70
Vin..................................	290	»
Épiceries.............................	455	20
Légumes, lait et beurre................	470	80
Éclairage et chauffage.................	575	»
Habillement..........................	1850	»
Domestiques et ouvriers...............	530	»
Impositions	600	«
Aumônes.............................	1500	»

Que lui reste-t-il pour son épargne ?

437. Combien a-t-il été payé à une ouvrière, qui a reçu le montant du mémoire ci-dessous :

Mémoire de divers ouvrages faits par J. Branger, *lingère, pour* Mme *Laireault, depuis le 3 Août 1852.*

		FR.	C.
3 Août	Fait 2 grands rideaux de croisée, à fr. 1,50 l'un..........		
28 Août	Fait 4 manteaux de nuit, à fr. 0,90 l'un................		
Du 28 au 30 Septemb.	Pour 3 journées 1/2, à fr. 0,60 l'une....................		
	Pour divers raccommodages et fournitures.................	2	30
15 Octobre	Fait et fourni 4 petits rideaux, à fr. 1,80...............		
3 Nov.	Fait 3 cols et 3 paires de manches, à fr. 0,65 chacun......		
	Total..............		

Pour acquit,

Angers, ce 10 Novembre 1852.   **J. BRANGER.**

438. Charles Besnard a payé comptant à François Cormin les 2/3 des marchandises que celui-ci lui a livrées, et il lui a souscrit, pour le dernier tiers, le *billet à ordre* ci-dessous. Quelle est la totalité du prix des marchandises achetées par Ch. Besnard?

> *Au vingt-trois novembre prochain, je paierai à l'ordre de* **M.** *François Cormin, la somme de* cent cinq francs, *valeur reçue en marchandises.*
>
> *Savenay, le 23 Août 1852.*
>
> 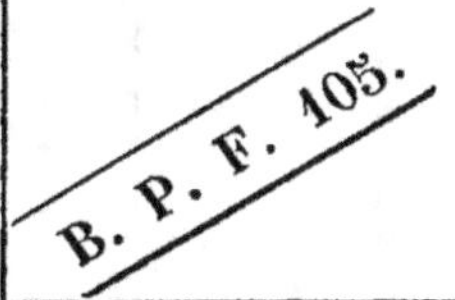
>
>
> CHARLES BESNARD.

439. Quelle est la recette d'un marchand qui a vendu comptant les articles suivants?

1853		FR.	C.
9 *Août.*	A *Mme Framboisier, m.* 2,75 *de galon, à fr.* 0,15		
	A *Melle Martin, kil.* 6,050 *savon, à fr.* 0,85		
	A *Melle Martin, kil.* 2,500 *chandelles,* 1,20		
	A *Melle Martin,* 3 *quarterons d'épingles* 0,15		
	A *Marie Charrier, mèt.* 9,50 *soutache grise, à fr.* 0,25		
	A *Marie Charrier,* 5 *gram. soie grise à fr.* 9,75 *le kil.*		
	A *Mme Chauvrin, lit.* 2,5 *huile, à fr.* 1,15		
	A *M.Silvin, kil.* 1,500 *chandelles, à fr.* 1,20		
	Total		

440. Établissez la balance de l'inventaire suivant, et dites-nous l'excédant de l'actif sur le passif.

Inventaire de GEORGES NICOU, Négociant, à Rochefort, au 31 *Décembre* 1851.

	FR.	C.	FR.	C.
ACTIF.				
MARCHANDISES.				
110 *kilos sucre, à fr.* 2				
75 *d° d° d°* 1,80.....				
80 *d° café, à fr.* 3..........				
63 *d° d° d°* 2,80.......				
120 *d° savon, à fr.* 0,90......				
115 *d° chandelles, à fr.* 1,40.				
35 *d° chocolat, à fr.* 8,50...				
38 *d° d° d°* 6,30...				
10 *d° thé, à fr.* 18.........				
10 *d° d° d°* 14,80......				
122 *d° riz, à fr.* 0,75........				
40 *d° fruits secs, l'un dans l'autre, fr.* 1,25............				
MOBILIER.				
Objets composant le mobilier personnel, évalués à........	1000	»		
Ustensiles et matériel d'exploitation, évalués............	500	»	1500	»
ESPÈCES.				
Fonds en caisse..............	124	35		
Billets de banque.............	1000	»	1124	35
IMMEUBLES.				
Une maison..................	10000	»		
Un jardin	9000	»	19000	
A Reporter........				

	FR.	C.	FR.	C.
Report				
DÉBITEURS D'APRÈS LEUR COMPTE.				
Boisnard.....................	95	60		
Thomas	58	55		
Divers, pour menus crédits.....	174	15	328	30
Total de l'Actif.........				
PASSIF.				
CRÉANCIERS D'APRÈS LEUR COMPTE.				
Stanislas, épicier à Marseille...	349	»		
Jakson, Négociant à Nantes.....	180	70		
Frongin, chocolatier à Paris....	204	65	734	35
OBLIGATIONS.				
A Thibault, pour restant dû sur mon jardin.................			400	»
Total du Passif.........				

BALANCE.	FR.	C.
Montant de l'Actif..............		
Montant du Passif.............		
Excédant de l'Actif.........		

Si les élèves ne sont pas encore assez exercées, on peut leur faire faire la seconde partie des *Opérations Supplémentaires*, indiquées à la fin de l'Arithmétique.

TROISIÈME PARTIE.

RÈGLES DE TROIS
Et autres applications des Règles fondamentales.

Jusqu'ici nous n'avons vu que les quatre opérations appelées *fondamentales* , : l'addition, la soustraction, la multiplication et la division. A l'aide de ces règles, on en fait plusieurs autres qui , sans être d'un usage aussi commun , ne laissent pas d'être souvent utiles , et toujours très-intéressantes.

CHAPITRE PREMIER.

Règles de Trois.

On appelle *règle de trois* une opération par laquelle , au moyen de trois nombres connus , on en cherche un 4ᵉ qui réponde à une question proposée.

En attendant que ce nombre inconnu soit trouvé, on le désigne par x.

Exemple : Pour 12 fr., vous avez eu 3 mouchoirs. Pour 8 fr., combien en aurez-vous ? Trois nombres sont connus : 12 fr., 3 mouchoirs et 8 fr. ; et l'on vous demande un 4ᵉ nombre, celui des mouchoirs que vous aurez pour 8 fr.. C'est donc ici le lieu d'appliquer la règle de trois.

Des quatre nombres renfermés dans tout problème de ce genre, deux indiquent toujours des objets de même espèce, et il en est ainsi des deux autres. On peut donc toujours les ranger par couples, dont un comprend les deux nombres de même espèce, qui sont tous les deux connus, et l'autre, les deux nombres aussi de même espèce, mais dont un n'est pas connu. Dans l'exemple ci-dessus, la 1ʳᵉ espèce est celle des fr. : ses deux nombres sont connus, et forment un 1ᵉʳ couple, 12 et 8. La 2ᵉ espèce est celle des mouchoirs, et ses deux nombres, dont un n'est pas connu, forment un 2ᵉ couple, 3 et x. On peut donc l'écrire ainsi :

Francs.	*Mouchoirs.*
12	3
8	x

Une autre remarque également importante, c'est que chaque nombre d'un couple a, dans l'autre couple, un nombre qui lui correspond. Ainsi, dans notre exemple, 12 correspond à 3, et 8 correspond à x ; car 12 fr., sont le prix de 3 mouchoirs, et 8 fr. sont le prix de x mouchoirs.

Les nombres du couple entièrement connu sont considérés comme les *causes*, et les nombres de l'autre couple sont comme les *effets*. Dans l'exemple déjà cité, 12 et 8 sont donc les causes ; 3 et x, les effets. Effectivement, les 12 fr. ont payé les 3 mouchoirs ; ils sont la *cause* que vous avez eu ces 3 mouchoirs. Réciproquement, la possession de ces 3 mouchoirs est l'*effet*, le résultat des 12 fr. Il en est de même des 8 fr., par rapport à x mouchoirs.

Pour arriver à la solution d'un problème de règle de trois, il faut tout d'abord disposer les nombres par couples, comme nous l'avons fait ci-dessus, dans l'exemple des francs et des mouchoirs. Peu importe que les causes soient à droite ou à gauche des effets. Mettez donc à droite la 1re espèce d'objets qu'offre la lecture du problème, et écrivez, au-dessous l'un de l'autre, les deux nombres de cette espèce, dans l'ordre où ils se présenteront. La 2e espèce d'objets s'écrira à droite de la 1re, lorsque le problème l'indiquera, et ses deux nombres se placeront au-dessous, à mesure qu'ils viendront, chacun vis-à-vis celui des autres nombres auquel il correspond : c'est l'essentiel.

Soit le problème suivant : si 12 hommes ont fait un certain ouvrage en 8 jours, quel nombre de jours faudra-t-il à 36 hommes pour faire ce même travail ?

La 1re espèce d'objets qui se présente est celle des hommes vous écrivez *hommes*, et, au-dessous, vous placez le 1er nombre de cette espèce, 12. En suivant l'énoncé du problème, vous trouvez que la 2e espèce d'objets est celle des jours, vous écrivez *jours*, à droite de *hommes*, et, au-dessous de *jours*, vous placez le 1er nombre de cette espèce, 8, vis-à-vis 12, puisque ce sont les 12 hommes qui ont employé les 8 jours, et que 12 est, par conséquent, la cause de 8. Continuez : l'espèce des jours revient avec les mots *quel nombre de* c'est-à-dire x; vous placez x au-dessous de 8. Enfin, achevant de lire votre problème, vous trouvez le 2e nombre de la 1re espèce, 36, que vous placez au-dessous de 12, et vous avez :

Hommes	*Jours.*
12	8
36	x

Supposons ce même problème énoncé en d'autres termes : Combien de jours faudra-t-il à 36 hommes, pour faire un ouvrage que 12 hommes ont fait en 8 jours ? Le mot *jours* se présente le premier, et il est accompagné du nombre *combien* ou x ; vous écrivez *jours,* et vous mettez x au-dessous. La 2ᵉ espèce vient ensuite avec le nombre 36 , vous écrivez *hommes* , à droite de *jours* , et, au-dessous, de *hommes* , vous placez 36 , vis-à-vis de x ; car x exprime le nombre de jours qu'emploient 36 hommes, c'est-à-dire l'effet de 36. Le nombre 12 hommes se place ensuite au-dessous de 36 , et le nombre 8 jours , au-dessous de x : ce qui vous donne :

Jours	*Hommes.*
x	36
8	12

Encore une supposition : Supposé qu'il y ait 36 hommes au lieu de 12 , et que ces derniers aient mis 8 jours à faire un ouvrage , combien les premiers en mettront-ils ? Vous écrivez *hommes* , et , au-dessous , 36 , puis 12. L'espèce des jours vient ensuite , et vous écrivez *jours* ; mais , comme le premier nombre , 8 , se rapporte au nombre d'hommes 12 , et non pas à 36 , car ce sont les 12 hommes , et non pas les 36 , qui ont employé ces 8 jours , vous écrivez 8 , non pas immédiatement au-dessous de *jours* , vis-à-vis de 36 , mais plus bas , vis-à-vis de 12. Enfin , arrive *combien* ou x jours , que vous écrivez sous le mot *jours* , et vous avez :

hommes	*jours*
36	x
12	8

Vous voyez que les trois énoncés différents du même problème, vous ont toujours donné pour résultat : 1° 12 et 36 au-dessous de *hommes*, 8 et x au-dessous de *jours*; 2° 12 vis-à-vis de 8, 36 vis-à-vis de x.

Examinez bien chacun des problèmes suivants, et écrivez-en, comme ci-dessus, les quatre nombres, de manière que les deux causes soient l'une au-dessous de l'autre, et chacune vis-à-vis de son effet.

441. Un homme, en 30 jours de travail, a gagné fr. 48,75. Combien gagnera-t-il en 18 jours?

442. La douzaine de pommes coûte fr. 0,15. Combien coûteront 612 pommes?

443. Charles a acheté 20 canifs qui lui ont coûté 25 fr. Combien lui coûteront 3 autres canifs de la même qualité?

444. Lorsque 15 personnes dépensent 75 fr., combien 20 dépenseront-elles?

445. Un voyageur a fait 520 kilom. en 14 jours. On demande combien il en fera en 42 jours.

446. Un navire, ayant 950 hommes d'équipage, est pourvu de vivres pour 90 jours; mais, prévoyant qu'il tiendra la mer pendant 125 jours, et ne voulant pas diminuer les rations, il se décide à laisser à terre une partie de son équipage. Combien devra-t-il garder d'hommes à bord?

447. Dites la hauteur d'une tour qui donne 48 mèt. d'ombre, lorsqu'un bâton de 2 mèt. donne une ombre de 5 mèt.?

448. Antoine a emprunté d'un ami 952 fr.; il les a gardés 15 mois. Combien de mois devra-t-il lui laisser 2044 fr., pour qu'il y ait compensation?

449. Combien coûteront 146 litres d'huile, si l'on paie 134 fr. pour 220 litres?

450. Un boulet, conservant toujours la vitesse qu'il a au sortir du canon, mettrait 3 minutes 45 secondes à parcourir 5 myriam. Quel temps emploierait-il à aller de la terre au soleil, dont la distance moyenne est de 15300000 myriamèt.?

451. Si le vent le plus violent parcourt 486 kilomèt. en 3 heures, quel espace parcourt-il en 19 heures?

452. Un marchand a acheté 24 kilog. de raisin pour fr. 18,65. Combien aurait-il eu de kilog. pour fr. 96,252?

453. Dites-moi combien j'ai gagné sur 8500 fr. de blé, sachant que je l'ai revendu avec bénéfice de 4 pour 100.

454. Plusieurs pièces de toile coûtent ensemble fr. 746,95, et l'on sait que le prix de 12 mètres est de fr. 88,10. On veut savoir combien toutes les pièces contiennent de mètres.

455. En 8 jours de travail un ouvrier a gagné fr. 12,85. Combien gagnera-t-il en 26 jours ?

456. Sachant que, pour faire 43 mèt. d'ouvrage, il a fallu 86 ouvriers, dites combien il en faudrait pour faire 150 mètres du même ouvrage.

457. Une pierre, ayant toujours la même vitesse, parcourrait 3 kilom. en 90 secondes. Combien mettrait-elle de temps pour aller de la terre à la lune, qui en est éloignée de 384300 kilom. ?

458. Une fontaine donne 50 litres d'eau en 2 heures 29 minutes. On demande en combien de temps elle remplira une citerne qui contient 359 litres.

459. Un architecte se propose de faire construire une maison en 92 jours, par 24 ouvriers. Combien lui faudra-t-il de jours, s'il y emploie 32 ouvriers ?

460. Il a fallu 45 tailleurs pour faire 315 habits en 25 jours. Combien faudra-t-il d'ouvriers pour en faire 105 durant le même temps ? (¹)

461. Un sabotier a reçu fr. 37,80 pour 45 paires de sabots ; il a commission d'en faire encore 29 paires, au même prix. Combien recevra-t-il ?

462. 130 kilog. de pain suffisent pour nourrir 65 hommes. Combien en faudra-t-il pour 107 hommes ?

463. Une personne, éloignée de kilom. 2,040, entend un coup

---

(1) Quelquefois le problème renferme des nombres de trois espèces, sans que, pour cela, la règle cesse d'être une règle de trois simple ; c'est que, dans ce cas, les deux nombres d'une des espèces, étant les mêmes, n'influent en rien sur les effets, et que, par conséquent, on ne doit en tenir aucun compte. Ici, par exemple, vous avez :

Tailleurs	Habits	Jours.
45	315	25
x	105	25

Le nombre de jours, 25, ne doit être compté pour rien.

de fusil 6 secondes après l'inflammation de la poudre. A quelle distance devrait-elle être, pour l'entendre 57 secondes après l'explosion ?

464. On a acheté 12 mèt. de ruban, qui ont coûté 4 fr. Quel sera le prix de 25 mèt. du même ruban ?

465. Un particulier a fait faire 34 mèt. d'ouvrage pour la somme de 60 fr. On demande combien lui coûteront 80 mèt. du même ouvrage.

466. Lorsque l'hectol. de froment se vend 21 fr., on fait payer le kilog. de pain fr. 0,18 ; mais il faut remarquer qu'un tiers de ce prix est pour payer la mouture, la manipulation, la cuisson et autres frais qui sont toujours les mêmes, quel que soit le prix du blé. Combien doit-on payer le kil. du pain, lorsque l'hectol. de froment se vend 16 fr. ?

467. 48 kilog de pruneaux ont été vendus 29 fr. Combien doit-on vendre 74 kilog. des mêmes pruneaux ?

468. Le kilog. de sucre coûte fr. 1,60. Combien faudra-t-il le revendre, pour gagner 30 fr. par mille kilog. ?

469. On a fait 15 paires de draps de 12 mèt. par paire, avec 180 mètres de toile. Combien en fera-t-on avec la même quantité de toile, ne prenant que 10 mèt. par paire ?

470. On habille 40 petites filles avec 165 mèt. de flanelle, ayant mèt. 0,75 de laize. Combien en aurait-on habillé, si la laize eût été de mèt. 1,20 ?

471. Pour faire transporter 350 kilog. de marchandises, l'espace de 4 myriamèt., on paie 70 fr. Combien faudra-t-il payer, pour le transport de 2830 kilog. au même lieu ?

472. Un homme gagne 128 fr. en 89 jours de travail. Combien gagnerait-il en 45 jours, si le prix de la journée était double ?

473. Un négociant, voulant faire une bonne œuvre, se propose d'y employer 5 fr. toutes les fois qu'il en gagnera 48. A combien faudra-t-il que monte son bénéfice, pour qu'il dispose de 900 fr., en faveur de son œuvre ?

474. Un courrier va de Paris à Lisbonne en 15 jours, courant 14 heures par jour. S'il emploie 23 jours pour revenir, combien court-il d'heures par jour ?

475. Les savants ont calculé que la lumière parcourt myriam.

93576,7422 mèt. en 3 secondes , et qu'elle nous arrive du soleil en 8 minutes 13 secondes. Jugez , d'après cela, de la distance du soleil à la terre.

476. Un père gagne fr. 4,50 par jour ; son fils, fr. 3,35. En combien de temps auront-ils économisé fr. 34,20, s'ils ne dépensent, à tous deux , que 5 fr. par jour?

477. Un tailleur a 396 mèt. d'étoffe, avec lesquels il compte faire 46 habits ; s'il les faisait avec de l'étoffe de mèt. 1,20 de laize, il n'en faudrait que 352 mèt. Quelle est la laize de la première étoffe ?

478. Si, dans une statue haute de mèt. 1,65, le nez a mèt. 0,055, combien devra-t-il avoir dans une autre statue , que l'on veut faire avec les mêmes proportions que la première , mais à laquelle on ne veut donner que mèt. 1,20 de hauteur ?

479. On entend le bruit du tonnerre 30 secondes après l'apparition de l'éclair, quand on est à 10200 mèt. du nuage orageux. A quelle distance en est-on , quand on entend le bruit 13 secondes après avoir vu l'éclair ?

480. Un voyageur, marchant 6 heures par jour, fait 60 myriamèt. en 12 jours. S'il marchait 8 heures par jour, combien serait-il de jours à faire le même chemin ?

481. Un marchand a du drap qui lui coûte 14 fr. le mèt., et qu'il vend 16 fr. ; il a aussi de la toile qui lui coûte 3 fr., et il voudrait gagner sur cet article , à proportion autant que sur le drap. Combien faut-il qu'il vende sa toile ?

Il ne suffit pas de réduire un problème à ses quatre nombres, et de ranger, comme vous venez de le faire, ces quatre nombres en deux groupes, l'un des causes et l'autre des effets, il est encore indispensable, pour résoudre le problème, de distinguer la nature des causes.

Quelquefois, en effet , *plus* la cause est grande, *plus* aussi son effet est grand, ou, ce qui revient au même, *plus* la cause est petite, *plus* son effet est petit : dans ces cas on dit que la cause est *directe*. Par exemple : *plus* on a d'argent, *plus* on obtient de marchandises ; *plus* on est de monde, *plus* on dépense ; *plus* il y a d'ouvriers, *plus* il se fait d'ouvrage ; et aussi, *moins* il y a d'étoffe , *moins* on en fait d'habits ; *moins* il y a de vases , *moins* on y renferme de vin ; *moins* on marche de temps , *moins* on fait de route. Dans tous ces exemples , *plus* produit *plus* , et *moins* produit *moins ;* l'argent, le monde, les ouvriers , l'étoffe , les vases, le temps, sont donc les causes directes de la dépense , de l'ouvrage , des habits , de la contenance du vin , de la route.

D'autres fois, c'est tout le contraire : *plus* la cause est grande, *moins* son effet est grand , ou bien, *moins* la cause est grande , *plus* son effet est grand : dans ces cas on dit que la cause est *inverse.* Par exemple : *plus* on est d'ouvriers pour un ouvrage , *moins* il faut de temps ; *plus* il y a de personnes à nourrir, *moins* dure un pain ; et aussi, *moins* on lit de pages à chaque fois , *plus* il faudra de lectures pour achever un livre ; *moins* on dépense d'argent , *plus* il en reste. Dans tous ces exemples *plus* produit *moins* , et *moins* produit *plus ;* le nombre d'ouvriers , celui des personnes à nourrir, les pages lues , l'argent dépensé , sont donc les causes inverses de la longueur du temps, de la durée du pain , du nombre des lectures, du reste d'argent.

Ecrivez , de nouveau, chacun des problèmes du N° 441 au N° 481, comme vous avez déjà fait, (à moins que vous ne les ayez conservés) et distinguez , les causes inverses, d'avec les causes directes, au moyen d'un point que vous placez à la suite des causes inverses.

Disposer convenablement les causes et les effets d'un problème ; puis, surtout, bien reconnaître si ces causes sont directes ou inverses : ce sont là, avons-nous dit, deux opérations préparatoires par lesquelles il faut toujours commencer, et c'est ce que vous venez de faire.

Maintenant pour arriver au résultat demandé, il y a deux méthodes principales : la méthode des *proportions* et la méthode de *l'unité.* La méthode des *proportions* , plus savante , sans être plus exacte , demanderait de longues et difficiles explications , dont une seule , venant à s'échapper de votre mémoire , vous rendrait impossible l'emploi de la méthode ; nous n'en parlerons pas. L'autre méthode est appelée de *l'unité*, parce que , comme vous le verrez , tout s'y rapporte à l'unité : c'est le moyen généralement préféré aujourd'hui, et nous allons nous-mêmes le mettre en usage.

Voici tout le secret de cette méthode : Supposons que 5 couteaux valent 10 fr., et qu'on vous demande ce que valent 3 couteaux semblables. Vous dites : si 5 couteaux valent 10 fr., 1 couteau, étant le cinquième de 5 couteaux, vaut le cinquième de 10 fr. Là-dessus, vous divisez 10 par 5, et vous trouvez que 2 fr. sont le prix de 1 couteau. Mais, ajoutez-vous, si 1 couteau vaut 2 fr., 3 couteaux, renfermant 3 fois 1 couteau, vaudront 3 fois 2 fr. Vous multipliez donc 2 par 3, et vous avez 6 fr. pour prix des trois couteaux : c'est ce que vous cherchiez.

Vous voyez comment tout, dans cette méthode, est rapporté à l'unité. Partant du prix des 5 couteaux, vous êtes arrivée à connaître le prix de 1 couteau ; puis, partant du prix de 1 couteau, vous êtes parvenue à trouver le prix de 3 couteaux.

Résolvons un autre problème : Dans l'exemple précédent, les causes étaient directes ; supposons un cas où les causes soient inverses.

Une certaine quantité de vivres suffirait pendant 14 jours, s'il n'y avait que 9 personnes; mais il y en a 18. Combien de jours ces mêmes vivres leur dureront-ils ? Si 9 personnes consomment ces vivres en 14 jours, une seule personne , ne consommant que la neuvième partie de ce que consomment 9 personnes, aura des vivres pour 9 fois plus de jours. Multiplions donc 14 par 9, et nous aurons 126, pour le nombre de jours que ces vivres dureront à une seule personne. Mais, si une seule personne en a pour 126 jours, 18 personnes, mangeant 18 fois plus qu'une seule, en auront pour 18 fois moins de jours. Divisons donc 126 jours par 18, et nous aurons 7, pour le nombre de jours que les vivres en question dureront à 18 personnes.

Vous voyez encore ici comment tout se rapporte à l'unité. Vous êtes partie de l'espace de temps que vos vivres devaient nourrir 9 personnes, pour parvenir à savoir combien de temps ils dureraient à une seule personne ; puis, de la connaissance du temps qu'ils pourraient durer à une seule personne, vous êtes arrivée à connaître pour combien de jours en auraient 18 personnes([1]).

Si nous avions écrit et rangé, comme il a été expliqué, les nombres de nos deux problèmes, nous aurions eu :

		Couteaux	Prix
1er Problème.		5	10 *fr.*
		3	x
		Jours	Personnes
2e Problème.		14	9
		x	18

Eh bien ! qu'avez-vous fait, en résolvant tout à l'heure ces problêmes ? Dans le 1er cas, vous avez divisé l'effet connu, 10, par sa cause, 5, et vous avez multiplié le quotient par l'autre cause, 3. Dans le 2e cas, au contraire, vous avez multiplié l'effet connu, 14, par sa cause, 9, et vous avez divisé le produit par l'autre cause, 18. Pourquoi cette différence ? C'est que, dans le 1er cas, les causes étaient directes, et que, dans le 2e, elles étaient inverses. Faites toujours de même : quand les causes sont directes, *divisez* l'effet connu par sa cause, et *multipliez* le quotient par

---

([1]) Remarquez bien que c'est toujours l'unité de la cause dont l'effet est connu, qu'il faut prendre pour base de la seconde opération, et non pas celle de l'autre cause, non plus que celle de l'effet.

l'autre cause ; le produit sera l'effet inconnu. Quand les causes sont inverses, faites le contraire : *multipliez* l'effet connu par sa cause, et *divisez* le produit par l'autre cause; le quotient sera l'effet inconnu. Voilà le résultat pratique du raisonnement par lequel nous avons expliqué la méthode de l'unité, raisonnement auquel il est toujours facile de recourir, quand on ne se rend pas bien compte de la manière d'opérer.

Il est un moyen mécanique de reconnaître quelles opérations il faut faire. Ce moyen qu'on appelle vulgairement *des tenailles*, parce que souvent il offre la figure de l'instrument de ce nom, est surtout avantageux dans les problèmes composés, dont il sera parlé plus tard. Partant de l'effet inconnu, tirez une barre qui aille souligner sa cause, si les causes sont inverses; ou, au contraire, qui aille souligner la cause de l'effet connu, si les causes sont directes. Qu'une seconde barre souligne les deux autres nombres. Les nombres soulignés par cette seconde barre doivent toujours être multipliés l'un par l'autre, et leur produit doit être divisé par le nombre que souligne la première barre. Le quotient est x.

Dans les exemples précédents, ce procédé vous aurait donné

$$\frac{5}{3} \diagdown \frac{10}{x} \qquad\qquad \frac{14}{x} \quad \frac{9}{18}$$

Vous auriez donc eu, dans le premier cas, 10 à multiplier par 3, et le produit 30, à diviser par 5. Dans le second cas, vous auriez eu 14 à multiplier par 9, et le produit 126, à diviser par 18. De cette façon, que les causes soient directes ou qu'elles soient inverses, toujours on commence par la multiplication, et l'on finit par la division.

Résolvez, d'abord par la méthode de l'unité, et ensuite par le moyen des tenailles, chacun des problèmes indiqués du n° 441 au n° 481. (¹)

Dans tous les problèmes que nous avons résolus jusqu'à présent par la règle de trois, chaque effet ne dépendait que d'une cause : aussi cette règle de trois est-elle appelée *simple*. Mais il est des cas où les effets dépendent tout à la fois de plusieurs causes, et la règle qu'on est alors obligé de faire, se nomme *règle de trois composée.*

Par exemple : 3 ouvriers ont travaillé 21 jours, à 7 heures par jour, et l'on demande combien il faudra d'heures de travail par jour, pour que 7 ouvriers fassent le même ouvrage en 9 jours. Il est évident que ce nombre d'heures, qui est ici l'effet inconnu, variera, non-seulement d'après le nombre des ouvriers, mais aussi d'après celui des jours de travail. Voilà donc deux causes qui influeront plus ou moins, chacune en raison de sa force, sur l'effet cherché.

La première chose à faire pour résoudre un semblable problème, est, comme dans les règles de trois simples, de former les couples d'effets et de causes, et de placer chaque cause vis-à-vis de son effet, puis de distinguer les causes directes d'avec les causes inverses. Ainsi, dans l'exemple précédent, vous commencez par écrire le mot *ouvriers*, et, au-dessous, le nombre 3 ; vous placez, à la droite de *ouvriers*, le mot *jours*, et, au-dessous, le nombre 21 ; enfin, vous écrivez, à la droite de *jours*, le mot *heures*, et, au-dessous, le nombre 7. Puis, continuant de suivre l'énoncé du problème, vous placez *combien*, c'est-à-dire x, sous 7

(¹) Pour indiquer votre résultat, après avoir écrit votre problème, comme ci-dessus, mettez à la suite de x le nombre que votre opération vous a donné, en l'en séparant par le signe = lequel veut dire : *égal à.* Dans les exemples précédents, vous auriez donc écrit : $x = 6$, $x = 7$, pour dire que le prix des 3 couteaux est 6 fr., et que le nombre cherché des jours que dureront les vivres, est 7.

heures; 7, sous 3 ouvriers; 9, sous 21 jours; ce qui vous donne :

ouvriers	jours	heures
3	21	7
7	9	x

Le couple 7 et x est celui des effets; 3 et 7, 21 et 9 forment deux couples de causes, qui influent les unes et les autres sur les effets, dans la proportion de leur force. Toutes ces causes sont inverses; car il est évident que *plus* il y a d'ouvriers et de jours, *moins* il faudra d'heures.

Soit cet autre problème : Combien fera-t-on de chemises avec 60 mètres d'une toile large de mèt. 1,20, si, avec 36 mèt. d'une toile large de mèt. 1,50, on en a fait 15? En écrivant, comme ci-dessus, les données de votre problème, vous avez :

chemises	long. de la toile	larg. de la toile
x	60 *mèt.*	*mèt.* 1,20
15	36 »	» 1,50

Le couple x et 15 renferme les effets; 60 et 36, 1,20 et 1,50 sont les causes, lesquelles sont toutes directes; car *plus* la toile a de longueur et de largeur, *plus* il y aura de chemises.

Encore un exemple : On a fait 52 mèt. d'une étoffe, large de mèt. 0,90, avec 14 kilog. de laine. Combien fera-t-on de mètres d'une autre étoffe large de mèt. 1,10, si l'on y consacre 18 kilog. de laine? Ecrivez vos nombres comme ci-dessus, et vous aurez :

long. de l'étoffe	largeur	laine
52 *mèt.*	*mèt.* 0,90	14 *kil.*
x »	» 1,10	18 »

Le couple des effets est 52 et x ; ceux des causes sont mèt. 0,90 et 1,10, kil. 14 et 18. De ces causes, les premières sont inverses, car *plus* l'étoffe est large, *moins* elle sera longue ; mais les deux secondes sont directes, car *plus* il y a de laine, *plus* il y aura de longueur.

Enfin supposons un cas qui renferme jusqu'à 6 espèces de causes différentes : Six ouvriers ont mis 16 journées à creuser 32 mèt. d'un fossé, profond de 1 mèt. et large de mèt. 1,50. Ils travaillaient 10 heures, et il faut remarquer, de plus, que la difficulté comparative du terrain peut être représentée par 2. Combien de journées faudra-t-il à 10 ouvriers, s'ils ne travaillent que 9 heures par jour, pour creuser 300 mètres d'un autre fossé, large de mèt. 1,20, profond de mèt. 0,80, et dans un terrain dont la difficulté peut être représentée par 3? Ecrivez :

ouvr.	journ.	long.	prof.	larg.	heur.	diffi.
6	16	32 m.	m. 1	m. 1,50	10	2
10	x	300 »	» 0,80	» 1,20	9	3

De toutes ces causes, les premières, 6 et 10, sont inverses, car *plus* il y a d'ouvriers, *moins* il faudra de journées ; les deux secondes, 32 et 300, sont directes, et il en est de même des troisièmes, mèt. 1 et 0,80, et des quatrièmes, 1,50 et 1,20 ; car *plus* il y a de longueur, de profondeur et de largeur, *plus* il faudra de *jours*. Par la raison contraire, les cinquièmes, 10 et 9, sont inverses ; car *plus* il y aura d'heures, *moins* il faudra de jours. Enfin les sixièmes, 2 et 3, sont directes, car *plus* il y a de difficulté, *plus* il faut de *jours*.

Pour chacun des problèmes suivants, écrivez, dans l'ordre convenable, les causes et les effets ; puis, marquez d'un point les causes inverses.

482. Avec 20 kilos de fil, on a tissé une pièce de toile de 80 mèt. de longueur, sur mèt. 0,90 de largeur. Quelle longueur aura une autre pièce tissée avec 25 kilos du même fil, si on lui donne mèt. 0,75 de largeur?

483. Combien faudra-t-il de jours à 44 hommes travaillant 10 heures par jour, pour faire autant d'ouvrage que 8 hommes en 30 journées de 11 heures?

484. Si 2 hommes en 6 jours font 30 mètres de toile, combien faudra-t-il d'hommes pour en faire 90 mètres en 4 jours?

485. Pour faire 28 habits complets, on a employé 140 mètres d'une étoffe de mèt. 0,95 de largeur. Combien en aurait-il fallu, si l'étoffe n'avait eu que mèt. 0,80 de largeur, et qu'on eût voulu faire 16 habits seulement?

486. Lorsque 500 fr. ont produit 10 fr. en 90 jours, combien faudra-il placer, pour recevoir 200 fr. en 360 jours?

487. Un pensionnat, composé de 100 élèves, a dépensé, en 15 jours, pour 14 fr. de papier. A combien se montera la dépense de 48 jours, si le pensionnat s'est augmenté de 15 élèves?

488. Une poutre de 8 mètres de longueur, et qui a 57 centim. sur 50 d'équarrissage, coûte 117 fr. On demande quel sera le prix d'une autre poutre qui a 10 mèt. de longueur, et 60 centimèt. sur 49 d'équarrissage.

489. On a une somme suffisante pour faire travailler 50 hommes pendant 5 mois, en donnant à chacun fr. 1,75 par jour. Quelle devra être la paie, si l'on diminue de 15 le nombre des ouvriers, et qu'on veuille faire durer la somme 5 mois de plus?

490. S'il faut 909 kilog. de foin pour la nourriture de 4 chevaux, pendant 25 jours, combien faudra-t-il de kilog. pour nourrir 10 chevaux, pendant 60 jours?

491. En 4 jours, 18 ouvriers, ont élevé un mur de 9 mèt. de long sur mèt. 6,25 de hauteur et mèt. 0,80 d'épaisseur. Combien auraient-ils mis de jours, s'ils n'avaient été que 5 hommes, et que le mur plus long de 1 mèt. n'eût eu que 5 mèt. de hauteur et mèt. 0,75 d'épaisseur?

492. Pendant un mois 84 élèves, mangeant chacune environ 625 grammes de pain à fr. 0,14 le kilog., ont dépensé fr. 220,50. On demande combien 95 élèves, mangeant chacune 520 gr., dépenseront en 2 mois et demi, si le pain a augmenté de fr. 0,02 par kilog.

493. A quelle profondeur sera creusé un puits de 7 mètres de circonférence, si 8 ouvriers y travaillent 11 heures par jour pendant 66 jours; lorsqu'un autre puits de 35 mèt. de profondeur sur 6 de circonférence a été fait, en 88 jours, par 5 ouvriers travaillant 12 heures par jour, et dans un terrain qui offrait $1/3$ de plus de difficulté? (1).

494. 5 menuisiers, travaillant 66 jours, 11 heures par jour, ont boisé une salle, haute de 5 mèt., large de 7 et longue de 12. On demande combien 9 ouvriers mettront de jours à boiser une autre salle large de 8 mèt., haute de 6 et longue de 14, s'ils n'y travaillent que 10 heures par jour.

495. Avec une mousseline qui coûte fr. 3,25, une lingère a fait faire par 3 ouvrières qui ont travaillé 4 jours, 8 heures par jour, 20 bonnets qu'elle vend 60 fr. Combien devra-t-elle vendre 15 bonnets, dont la mousseline lui coûte fr. 5,20, et à la confection desquels 4 ouvrières ont travaillé 3 jours, à 10 heures par jour?

496. 10 ouvriers en 25 jours, travaillant 8 heures par jour, ont fait toute la charpente d'un bâtiment. On demande combien 5 ouvriers seraient de jours pour faire une charpente qui ne contiendrait que les $\frac{3}{4}$ de la première, s'ils travaillaient 10 heures par jour?

Une fois les causes et les effets d'un problème bien posés et bien distingués, il s'agit d'arriver au résultat demandé, et, pour cela, le moyen le plus expéditif est sans doute celui des *tenailles*. Comme nous l'avons expliqué, en parlant de la règle de trois simple, vous tirez de dessous x une barre qui va souligner toutes les causes inverses placées dans la même ligne, et toutes les causes directes qui sont dans l'autre ligne. Ensuite vous tirez une seconde barre, qui souligne toutes les causes non soulignées par la première.

---

(1) Un tiers de difficulté de plus se représente en exprimant par 3 la difficulté du 1er travail, et par 4, la difficulté du 2e; car 4 renferme, en sus de 3, un tiers de 3.

Cette opération vous donne , pour les quatre problèmes écrits et disposés ci-dessus :

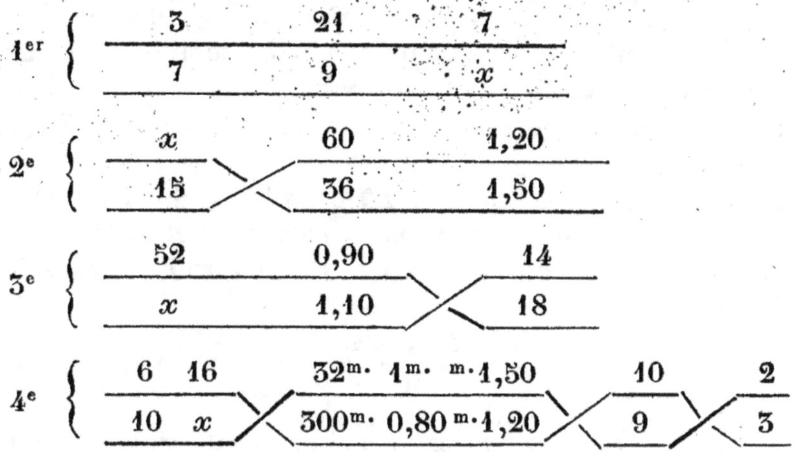

Ceci fait, il ne vous reste plus qu'à multiplier, les unes par les autres, tous les nombres placés sur la ligne qui porte l'effet connu : le produit sera votre dividende. Vous multiplierez ensuite tous les nombres placés sur l'autre ligne ; le produit sera votre diviseur. Vous ferez votre division , et le quotient vous donnera la valeur de x. On peut donc exprimer, comme il suit, ce que vous avez à faire :

$$\frac{3 \times 21 \times 7}{7 \times 9} =$$

$$\frac{15 \times 60 \times 1,20}{36 \times 1,50}$$

$$\frac{52 \times 0,90 \times 18}{1,10 \times 14} =$$

$$\frac{6 \times 16 \times 300 \times 0,80 \times 1,20 \times 10 \times 3}{10 \times 32 \times 1 \times 1,50 \times 9 \times 2} =$$

Mais il est, dans certains cas, un moyen d'abréger ces multiplications et ces divisions. Rappelez-vous ce qui a été dit, page 62, qu'en divisant le dividende et le diviseur par un même nombre, on ne change rien au quotient. A l'aide de ce principe, voici comment, par exemple, vous pouvez réduire la formule du premier et du dernier des problèmes ci-dessus :

Dans le 1er, si vous retranchez 7 dans le dividende et dans le diviseur, c'est comme si vous divisiez l'un et l'autre par 7; sans donc toucher à la valeur de la formule, vous la réduisez à :

$$\frac{3 \times 21}{9}$$

Si maintenant vous divisez, par 3, le 3 du dividende et le 9 du diviseur, la formule, sans changer de valeur, est réduite à :

$$\frac{1 \times 21}{3}$$

ou, ce qui est la même chose, puisque 1 n'est pas un multiplicateur :

$$\frac{21}{3}$$

Vous n'avez donc plus qu'à diviser 21 par 3, pour obtenir le nombre cherché, et il vous est facile de vérifier que vous n'auriez pas trouvé un nombre différent, en exécutant toutes les opérations indiquées par la formule entière.

Dans le 4e problème,

1° Retranchez le facteur 10, dans le dividende et dans le diviseur, et vous réduirez la formule à :

$$\frac{6 \times 16 \times 300 \times 0,80 \times 1,20 \times 3}{32 \times 1 \times 1,50 \times 9 \times 2}$$

2° Divisez, par 2, le 2 du diviseur et le 6 du dividende ;
la formule sera réduite à :

$$\frac{3 \times 16 \times 300 \times 0,80 \times 1,20 \times 3}{32 \times 1 \times 1,50 \times 9 \times 1}$$

3° Divisez, par 3, le 3 du dividende et le 9 du diviseur,
et vous aurez :

$$\frac{1 \times 16 \times 300 \times 0,80 \times 1,20 \times 3}{32 \times 1 \times 1,50 \times 3 \times 1}$$

4° Divisez, par 16, les nombres 16 du dividende et 32 du
diviseur, et la formule sera :

$$\frac{1 \times 1 \times 300 \times 0,80 \times 1,20 \times 3}{2 \times 1 \times 1,50 \times 3 \times 1}$$

5° Retranchez le 3, dans le dividende et dans le diviseur,
vous aurez :

$$\frac{1 \times 1 \times 300 \times 0,80 \times 1,20}{2 \times 1 \times 1,50 \times 1}$$

6° Divisez, par 2, le 2 du diviseur et 300 du dividende,
et vous réduirez la formule à :

$$\frac{1 \times 1 \times 150 \times 0,80 \times 1,20}{1 \times 1 \times 1,50 \times 1}$$

7° Retranchez les 1, et il ne vous restera que :

$$\frac{150 \times 0,80 \times 1,20}{1,50}$$

497. *Résolvez, par le moyen des tenailles, les quinze problèmes proposés ci-dessus.*

Si l'on préfère employer la méthode de l'unité, il faut,
pour s'en rendre compte, faire autant de règles de trois

simples qu'il y a d'espèces de causes dans le problème ; puis, quand on est à la 1re, ne pas plus s'occuper de la 2e que si elle n'existait point, et ne devait, par conséquent, influer en rien sur l'effet. De même, en calculant l'influence de la 2e cause, on doit ne tenir aucun compte de la 3e, et ainsi des autres.

Soit donc le 1er des exemples ci-dessus : 3 ouvriers ont travaillé 21 jours à 7 heures par jour. Combien faudra-t-il d'heures de travail par jour, pour que 7 ouvriers fassent le même ouvrage en 9 jours ? Vous commencez par poser votre problème comme il suit :

Ouvriers	Jours	Heures
3	21	7
7	9	x

Supposez maintenant que, au lieu de 9 jours, il y en a 21, dans le 2e cas comme dans le 1er, ce qui revient à annuler le 2e couple des causes. Vous n'avez donc plus à résoudre que la règle de trois simples :

$$3 \qquad 7$$
$$7 \qquad x$$

Ce qui vous donne $\frac{3 \times 7}{7} = x = 3$ *heures*.

C'est là le nombre d'heures qu'il faudrait, à ne tenir compte que de la cause des ouvriers. Mais, au lieu des 21 jours, que vous avez supposés dans le 2e cas comme dans le 1er, il n'y en a que 9 dans le 2e. Cette différence doit nécessairement influer sur le nombre des heures. Vous avez donc à résoudre cet autre problème : Si nos ouvriers, travaillant 21 jours, ont mis 3 heures, combien d'heures auraient-ils mises, en travaillant 9 jours ?

Jours	Heures
21	3
9	x

Au moyen d'une 2e règle de trois simple, vous trouvez :
$$\frac{21 \times 3}{9} = x = 7 \ heures.$$

Ce dernier nombre répond tout-à-la-fois à la dernière question, et à tout le problème, puisqu'il est le résultat final d'une double opération, dans laquelle vous avez tenu compte des deux espèces de causes, dont dépendait l'effet cherché.

Quel que soit le nombre des causes renfermées dans un problème, la marche, quoique plus longue, est toujours la même. Ainsi, dans l'exemple des ouvriers où il y a six espèces de causes, il y aura six problèmes particuliers, et, par conséquent, les six règles de trois simples que voici :

1er	ouv.	jours.	
	6	16	$\frac{6 \times 16}{10} = x = 9{,}6$
	10	x	
2e	long.	jours.	
	32	9,6	$\frac{9{,}6 \times 300}{32} = x = 90$
	300	x	
3e	prof.	jours.	
	1	90	$\frac{90 \times 0{,}80}{1} = x = 72$
	0,80	x	
4e	larg.	jours.	
	1,50	72	$\frac{72 \times 1{,}20}{1{,}50} = x = 57{,}6$
	1,20	x	
5e	heures.	jours.	
	10	57,6	$\frac{57{,}6 \times 10}{9} = x = 64$
	9	x	
6e	diff.	jours.	
	2	64	$\frac{64 \times 3}{2} = x = 96$
	3	x	

Le nombre final 96, est celui des journées nécessaires dans le 2e cas du problème ; car nous avons obtenu ce nombre, en tenant compte successivement du nombre d'ouvriers, de la longueur, de la profondeur, de la largeur, des heures et de la difficulté.

Il y a bien une manière d'expliquer la chose qui conduirait à résoudre un peu plus brièvement, et toujours par la méthode de l'unité., les règles de trois composées ; mais ces explications mêmes sont longues et difficiles, et l'on a si rarement à résoudre des problèmes où il se trouve plus d'un ou deux couples de causes, que véritablement autant vaut s'en tenir à une manière un peu plus longue, mais dont l'explication s'oublie moins facilement.

498. *Résolvez, par la méthode de l'unité, les quinze problèmes proposés ci-dessus.*

CHAPITRE SECOND.

RÈGLES DE SOCIÉTÉ, D'INTÉRÊT, D'ESCOMPTE, D'ÉCHANGE, DES MOYENNES, D'ALLIAGE ET DE FAUSSE POSITION.

Règle de Société.

Cette règle est ainsi nommée, parce qu'elle sert à partager, entre plusieurs associés, le bénéfice ou la perte qui résulte de leur société.

La part de chaque associé dans les bénéfices et les pertes, doit évidemment se régler, non seulement sur la somme mise par lui dans la société, mais encore sur le temps que cette somme y est restée. En effet, 100 francs, laissés pendant 3 mois au service de la société, équivalent à 300 fr. qui n'y seraient qu'un mois.

Soit le problème suivant : Trois associés ont mis, et laissé le même temps, en société : le 1er, 300 fr.; le 2e, 500 fr.; le 3e 700 fr. Ils ont fait une perte de 450 fr. Quelle doit être la part de chacun d'eux dans cette perte ? Vous commencez par faire la somme des trois mises :

$$\begin{array}{r} 300 \\ 500 \\ 700 \\ \hline 1500 \end{array}$$

Maintenant, il y a deux moyens d'arriver au résultat demandé.

Premier moyen. Vous dites : si 1500 fr. ont perdu 450 fr., combien 300 ont-ils dû perdre? Voilà une 1re règle de trois simple.

<table>
<tr><td>Mises</td><td>Pertes.</td></tr>
<tr><td>1500</td><td>450</td></tr>
<tr><td>300</td><td>x</td></tr>
</table>

Comme les causes sont directes, vous avez $\frac{450 \times 300}{1500} =$ 90 fr., 1re perte. Pour calculer la seconde perte, vous dites : si 1500 fr. ont perdu 450 fr., combien 500 ont-ils dû perdre ? Une 2e règle de trois simple vous donne pour résultat, 150 fr. Enfin, procédant de même pour connaître la 3e perte, vous obtenez 210 fr. Ces trois pertes 90, 150 et 210 forment bien en effet la perte totale 450.

Second moyen. Une fois que vous connaissez la mise totale, vous dites: si 1500 fr. ont perdu 450 fr., quelle est la perte de 1 fr.? Évidemment, la perte de 1 fr. n'est que la 1500e partie de 450 fr. ou $\frac{450}{1500} =$ fr. 0,30. Maintenant que les associés ont perdu fr. 0,30 par franc, il ne s'agit, pour connaître la perte totale de chacun, que de multiplier sa mise par fr. 0.30. Ce second moyen, comme on voit, est plus expéditif.

Résolvez, par l'un ou l'autre de ces moyens, à votre choix, les problèmes suivants :

499. Deux négociants ont gagné 860 fr. sur un fonds commun de 20000 fr., auquel le premier d'entre eux avait contribué pour 8800 fr. On demande combien il revient à chacun.

500. Quatre personnes s'étaient associées pour le commerce des toiles. La 1re avait mis 2000 fr.; la 2e, 2500 fr.; la 3e, 3000 fr.; la 4e, 4500 fr. Après un certain temps, elles se trouvent en perte de 2400 fr. Combien chacune d'elles doit-elle supporter de cette perte ?

501. Un homme en mourant laisse 3 créanciers, il est redevable au 1er, de 3000 fr. ; au 2e, de 2630 fr. ; au 3e, de 1875 fr.. Tout son avoir ne se monte qu'à 4503 fr. Combien chaque créancier aura-t-il de cette somme, s'il est payé au prorata de sa créance ?

502. Dans un premier projet de bâtiment, on trouvait, à la suite l'une de l'autre, trois pièces : la première, de mèt. 5,50 ; la deuxième, de mèt. 7,20 ; la troisième, de mèt. 6,80 ; mais on est obligé de réduire de mèt. 3,51 le bâtiment total. Quelle sera la réduction proportionnelle que devra subir chacune des trois pièces ? (1)

503. Un homme, en mourant, laisse à ses trois neveux une somme de 24492 fr. qu'ils devront se partager à proportion de leur âge. Or, le premier, à 20 ans ; le deuxième, 16 ; le troisième, 12. Quelle sera la part de chacun ?

Supposons maintenant que deux associés ont mis, l'un 500 fr., pendant 4 mois, et l'autre 1000 fr., durant 3 mois. On vous prie de partager entre eux un bénéfice de 300 fr. Pour cela, commencez par réduire les deux mises à un même temps, par exemple, à un mois, ce qui vous est facile, en multipliant la première mise par 4, et la seconde par 3. Vous avez ainsi, pour mises, pendant un mois, 2000 fr. d'une part, et 3000 fr. de l'autre, c'est-à-dire, pour mise totale, 5000 fr. Le cas est maintenant réduit à celui des problèmes précédents, et vous n'avez plus qu'à opérer de la même manière, pour trouver que la première part de bénéfice est 120 fr., et la seconde, 180 fr.

Résolvez les problèmes suivants :

504. Partagez un gain de fr. 674,88 entre deux associés, dont

---

(1) On voit, par cet exemple, que cette règle ne sert pas seulement à résoudre des questions de société.

le premier a mis 2400 fr. pendant 6 mois, et le second, 2778 fr. pendant 10 mois.

505. Trois loueurs de chevaux fournissent 15 chevaux pour un transport de marchandises. Le premier en donne 5, pendant 10 jours ; le second, 3 pendant 8 jours ; le troisième, 7 pendant 9 jours ; ils reçoivent une somme de 411 fr. Combien chacun aura-t-il ?

506. Deux ouvriers ont gagné 240 fr., à un ouvrage auquel le premier a travaillé 10 jours, et l'autre 7. Mais ils étaient convenus, entre eux, que les journées de ce dernier seraient payées le double des journées de l'autre. Combien chacun doit-il recevoir ?

507. Trois jeunes gens se sont associés pour faire commerce ; le premier a mis 196 fr. pour un an ; le second a mis 220 fr. pour 2 ans, et le troisième 210 fr. pour 15 mois : ils ont gagné en tout 300 fr. On désire savoir ce que chacun doit avoir.

508. Un propriétaire a dépensé fr. 182,25 pour faire peindre une de ses salles ; deux peintres y ont travaillé : le premier pendant 19 jours, à 7 heures par jour ; le second, 11 jours, à 10 heures par jour. Combien chacun doit-il recevoir ?

Règle d'Intérêt.

Cette règle est destinée à calculer le bénéfice que retire de son argent celui qui le prête. On nomme *capital* la somme prêtée, et *intérêt* le bénéfice.

Généralement, l'intérêt se calcule sur une somme de 100 fr., prêtée pour un an, et cet intérêt annuel est ordinairement de 5 fr. Ainsi, quand on dit que l'argent est prêté à 5 pour 100, (ce que l'on écrit : 5 fr. p. %, ou même 5 %), cela veut dire que cet argent est prêté, à la condition que, chaque année, l'emprunteur paiera 5 fr. pour chaque centaine de francs. Ces 5 fr. sont ce que l'on appelle le *taux* de l'intérêt.

Quelquefois on dit que l'argent est prêté au denier 20 ; au denier 25, etc. Ceci veut dire que celui qui place ou prête, exige un denier d'intérêt pour 20 ou 25 deniers prêtés , ce qui est la même chose qu'un franc pour 20 ou 25 fr. Or un franc pour 20 fr. , revient à 5 %, , et un fr. pour 25 , à 4 %. Donc, on peut dire indifféremment : au denier 20 , ou à 5 % ; au denier 25 , ou à 4 %.

Soit à chercher l'intérêt que doit, au bout d'un an , celui qui a emprunté 4500 fr. à 5 %. Je dis : Si 100 fr. donnent 5 fr. d'intérêt , 1 fr. donnera 100 fois moins , c'est-à-dire $\frac{5}{100}$ = 0,05. Donc , 4500 francs doivent donner 4500 fois 0,05 = 225 francs.

On voit que l'opération se réduit à chercher le 100ᵉ du taux de l'intérêt , et à le multiplier par la somme prêtée.

Résolvez les problèmes suivants :

509. Quelle sera la rente annuelle de 875 fr. placés à 4 %?

510. Un marin a placé, avant de s'embarquer , un capital de 7000 à fr. 4,50 ou 4 ½ %. Il reste 3 ans absent. Combien doit-il recevoir à son retour , en supposant que les intérêts échus n'aien pas été placés , pour produire eux-mêmes un nouvel intérêt ?

511. Une personne veut payer le capital , avec les intérêts à 5 %, d'une somme de 750 fr. , qu'elle a empruntée il y a un an. Combien doit-elle compter en tout ?

512. Quel est le revenu annuel d'une propriété qui a coûté 95000 fr. d'achat , et qui rapporte 3 ½ %.?

513. Un ouvrier s'est fait une rente annuelle de fr. 44, avec un capital de 800 fr. A quel taux a-t-il placé son argent ?

Quelquefois le prêt, au lieu d'être fait pour une année complète , ne l'est que pour un certain nombre de jours, et cependant le taux est fixé , et , par conséquent , doit être calculé sur l'année. Par exemple , 3480 fr. sont prêtés pour 240 jours à 4 % par an. Pour apprécier, dans ce cas, l'intérêt de 240 jours, il faut savoir que , dans le calcul des intérêts , on est convenu de compter chaque jour pour la 360ᵉ partie de l'année (quoique l'année ait 365 ou 366 jours).

Pour résoudre le cas présent, commencez donc par calculer l'intérêt de 3480 fr. à 4 %, comme si cette somme fût restée toute l'année entre les mains de l'emprunteur ; vous trouverez fr. 139,20. Sur quoi vous direz : si 360 jours eussent donné fr. 139,20 d'intérêt, quel intérêt doivent produire 240 jours ? Une règle de trois simple vous donne fr. 92,80.

Résolvez les problèmes suivants :

514. Quel est l'intérêt de 850 fr. placés à 4 %, pendant 145 jours ?

515. Combien est-il dû pour les intérêts de 4680 fr., placés à 5 % pendant 3 ans et 215 jours?

516. Un voyageur a placé, avant de se mettre en route, 7500 fr. à 4 $\frac{1}{2}$ %. Il ne revient qu'après une absence de 6 ans et 175 jours. Combien doit-il recevoir pour les rentes échues, sans tenir compte de l'intérêt des intérêts?

517. Quel est le capital qui rapporte, au bout de 195 jours, 400 fr. d'intérêt à 6 %?

518. Une personne emprunte 3000 fr. ; au bout de 285 jours elle rembourse cette somme avec les intérêts à 5 $\frac{1}{2}$ %. Combien a-t-elle donné en tout ?

Règle d'Escompte.

L'*escompte* est la retenue ou diminution faite par le payeur, sur la valeur *nominale* d'un billet (1) qui n'est payable qu'à une certaine époque, lorsque le propriétaire de ce billet demande à être payé avant l'échéance. L'escompteur est

---

(1) Un billet est un engagement écrit de payer, à une époque fixée, une certaine somme que l'on appelle sa valeur *nominale*, par opposition à la valeur *réelle* ou actuelle qui est moindre, si l'époque du paiement est encore éloignée.

censé prêter ce qu'il avance en paiement, pour n'en être remboursé qu'à l'époque où écherra le billet. Le calcul de l'escompte se fait donc comme celui de l'intérêt.

Soit que Pierre ait un billet de 600 fr., payable dans un an, et qu'il vous demande de le lui escompter à 5 °/₀. Il semblerait plus juste de calculer ainsi : Au taux convenu, 100 fr. prêtés à 5 °/₀, durant un an, valent 105 francs au bout de l'an ; donc, réciproquement, un billet de 105 fr., payable dans un an, ne vaut aujourd'hui que 100 fr. Or, si 105 fr., payables dans un an, perdent 5 fr., à être payés aujourd'hui, combien doivent perdre 600 fr., également payables dans un an, et dont on demande le paiement actuel ? Une règle de trois vous donne :

$$105\dots\dots 5 \qquad \frac{5}{105} \times 600 = \text{fr. } 28{,}57$$
$$600\dots\dots x$$

C'est donc une perte de fr. 28,57 que doit éprouver le billet de Pierre, à qui, par conséquent, vous ne devez payer aujourd'hui que $600 - 28{,}57 = 571{,}43$. C'est ce qu'on appelle escompter *en dedans*.

Mais ce n'est pas ainsi que la chose se pratique habituellement. On escompte *en dehors*, et voici en quelle manière. On dit : si 100 fr. donnent 5 francs d'escompte, que doivent donner 600 ?

$$100\dots\dots 5 \qquad \frac{5}{100} \times 600 = 30 \text{ fr.}$$
$$600\dots\dots x$$

On retranche donc 30 fr. de 600, et l'on n'en donne que 570. Vous voyez que l'escompteur a calculé comme s'il payait actuellement les 600 fr., tandis qu'il n'en avance réellement que 570.

Résolvez les problèmes suivants :

519. On vous demande d'escompter en dedans à 5 °/₀ un billet de 360 fr., payable dans un an.

520. Quel est l'escompte en dehors à 4 °/₀ d'un billet de 800 fr., payable dans un an ?

521. Quelle est la valeur actuelle d'un billet de 900 fr., payable dans 150 jours, si l'escompte est calculé en dehors, et au taux de 6 °/₀ par an ?

522. On doit 450 fr., payables dans un an. Que doit-on payer comptant, si l'on reçoit 4 °/₀ d'escompte calculé en dedans ?

523. Le porteur d'un billet de 700 fr., payable dans un an, désire savoir quelle différence il y aura pour lui entre l'escompte en dedans, et l'escompte en dehors, l'un et l'autre à 5 °/₀, si le billet lui est actuellement payé.

Règle d'Échange.

On emploie cette règle pour calculer quelle est la quantité d'objets de telle valeur, qui doit être donnée en échange d'une certaine quantité d'autres objets de valeur différente.

Un marchand de blé, par exemple, veut troquer du blé à 16 fr. l'hectol., contre du drap à 20 fr. le mèt. Combien doit-il recevoir de mèt. de drap, en échange de 60 hectol. de blé ? Il s'agit de calculer la valeur de 60 hectol. de blé, en multipliant 60 par 16 fr., prix de l'hectolitre, ce qui donne 960 fr. Puis, il faut chercher combien de fois 20 fr., prix d'un mètre de drap, est contenu dans 960 fr., c'est-à-dire, diviser 960 par 20 ; le quotient 48 est le nombre de mètres qui doit être donné en échange des 60 hectol. de blé.

Résolvez les problèmes suivants :

524. Un marchand voudrait troquer de la toile à 2 fr. le mèt.,

7

contre du bois à 15 fr. le stère. Combien doit-il recevoir de bois en échange de mèt. 412,50 de toile ?

525. Un épicier qui doit, pour son enfant, 7 mois d'école à fr. 1,50, demande à s'acquitter en fournissant du sucre à fr. 1,40 le kilog. Combien devra-t-il fournir de sucre ?

526. Un journalier, redevable à son boulanger de kilog. 85,90 de pain, dont kilog. 30,40 à fr. 0,25 le kilog.; et 55,50 à fr. 0,30, propose de s'acquitter en donnant des journées de travail dont le prix est de fr. 1,65. Combien devra-t-il de journées ?

Règle des Moyennes.

On se sert de cette règle pour trouver un nombre moyen entre plusieurs nombres donnés. Par exemple : une première personne a vécu 38 ans ; une seconde, 65 ; une troisième, 49 ; une quatrième, 81 ; une cinquième, 17. On demande quelle a été la vie moyenne de ces personnes. J'opère comme il suit :

$$
\begin{array}{r}
1\ldots\ldots 38 \\
1\ldots\ldots 65 \\
1\ldots\ldots 49 \\
1\ldots\ldots 81 \\
1\ldots\ldots 17 \\
\hline
5 \qquad 250
\end{array}
$$

et je dis : Si 5 personnes ont vécu, à elles toutes, 250 ans, une a vécu $\frac{250}{5} = 50$, supposé que toutes aient vécu le même temps, c'est-à-dire que chacune a vécu, en moyenne, 50 ans.

Autre exemple : On a acheté 30 hectol. de blé à 15 fr., 18 à 21 fr., 42 à 17 fr., et l'on veut savoir quel est le prix moyen de l'hectol., ou, comme on dit, combien tous ces hectol. coûtent l'un dans l'autre. On commence par calculer le prix total de chaque classe d'hectol., et l'on trouve :

$$
\begin{array}{rcl}
\textit{hect.} & & \\
30 & = & 450 \\
18 & = & 378 \\
42 & = & 714 \\
\hline
90 & & 1542
\end{array}
$$

En additionnant, on a, pour somme des hectolitres, 90, et, pour somme des prix, 1542. Alors on dit : Si 90 hectolitres ont coûté 1542 fr., chaque hectolitre coûte, en moyenne, $\frac{1542}{90} =$ fr. 17,13.

Résolvez les problèmes suivants :

527. Une ferme a rapporté 660 fr., la première année ; 558 fr., la seconde ; 675 fr., la troisième ; 810 fr., la quatrième ; et enfin 923 fr., la cinquième. Quel est le revenu annuel de cette ferme ?

528. Si toute l'eau qui tombe, chaque année, à Paris, s'y conservait, elle atteindrait, au bout de l'an, une hauteur de mèt. 0,530 ; à Lille, elle donnerait mèt. 0,730 ; à Metz, mèt. 0,649 ; a Lyon, mèt. 0,788 ; à Grenoble, mèt. 0,866 ; à Montpellier, mèt. 0,771, à Rennes, mèt. 0,568. On demande la quantité moyenne de pluie qui tombe annuellement sur la France, à en juger par les observations précédentes.

529. On avait à peser 7600 briques, et l'on a fait pour cela différentes pesées : la 1ʳᵉ, de 30 briques pesant ensemble kilog. 25,45 ; la 2ᵉ, de 42 briques pesant kilog. 33,15 ; la 3ᵉ, de 66 briques pesant kilog. 51,80. On s'en tient là, et l'on veut savoir, par le poids moyen de chaque brique, combien pèsent les 7600.

Règle d'Alliage.

Cette opération a pour but de trouver dans quelles proportions on doit mélanger plusieurs choses de différents prix, pour que l'unité du mélange ait un prix déterminé.

Par exemple, vous avez du blé à 14 fr., et du blé à 16 fr. l'hectol., et vous voulez en faire un mélange dont l'hectol. vous coûte 15 fr. Combien devez-vous mettre d'hectol. de chaque espèce, pour former ce mélange? Ecrivez, l'un sous l'autre, les prix des deux espèces, 14 et 16; puis, à droite de l'espèce qui est inférieure au prix voulu, écrivez l'excédant de l'espèce supérieure à ce même prix, et, à droite de l'espèce supérieure, écrivez le déficit de l'espèce inférieure. Chaque nombre, ainsi placé à droite, vous indique combien vous devez prendre d'hectol. de l'espèce placée à sa gauche. Ici, vous n'avez à mélanger qu'un hectol. à 14 fr., et un à 16 fr.

$$
\begin{array}{c}
15 \\
\begin{array}{c|c}
14 & 1 \\
16 & 1
\end{array}
\end{array}
$$

La preuve est facile à faire : 1 hectol. à 14 fr., et 1 hectol. à 16 fr., donnent 2, pour nombre d'hectol. du mélange, et 30 fr., pour prix total de ce mélange. Or, divisant ce prix total 30 par 2, on a, pour prix de chaque hectol., 15 fr., prix voulu.

Dans le cas présent il est aisé de se rendre compte de ce procédé. Comme le déficit d'une espèce équivaut à l'excédant de l'autre, il est clair qu'en prenant autant d'une espèce que de l'autre, il y aura compensation. Mais, si le déficit d'une espèce était double de l'excédant de l'autre; par exemple, si nous avions du blé de 13 fr. et de 16 fr., pour faire un mélange de 15 fr., il faudrait, pour qu'il y ait compensation, prendre 2 hectol. de la 2ᵉ espèce contre un seul de la 1ʳᵉ. Nous aurions donc :

$$
\begin{array}{c}
15 \\
\begin{array}{c|c}
13 & 1 \\
16 & 2
\end{array}
\end{array}
$$

En effet, un seul hectol. à 13 fr., suffit pour mettre, dans le mélange, un déficit de 2 fr., tandis qu'il faut 2 hectol. à 16 fr., pour mettre un excédant de 2 fr. Au reste, ici encore la preuve est facile. Le mélange renferme 3 hectol., et il coûte une fois 13 fr., plus 2 fois 16 fr., c'est-à-dire en tout 45 fr. Or, si vous divisez 45 fr. par 3, vous aurez 15 fr., pour prix de l'hectol. du mélange.

Le raisonnement serait le même, si pour faire un mélange à 15 fr., vous aviez du blé de 13 fr. et de 18 fr. En effet, le déficit de la 1re espèce est 2, et l'excédant de la 2e espèce est 3; or 3 fois le déficit 2 font un déficit total de 6, et 2 fois l'excédant 3 font un excédant total de 6; il y a donc compensation entre le déficit et l'excédant, si l'on prend 3 hectol. de la 1re espèce, et 2 de la 2e. Vous aurez donc :

$$
\begin{array}{c}
15 \\
\begin{array}{c|c}
13 & 3 \\
18 & 2
\end{array}
\end{array}
$$

La preuve vous donne 5, pour nombre d'hectol. du mélange; et 13×3, plus 18×2, c'est-à-dire en tout 75 fr., pour prix total du mélange. Si vous divisez 75 par 5, vous trouvez encore 15, pour prix de chaque hectol. du mélange.

Comme vous voyez, dans tous les cas, on prend de l'espèce inférieure autant d'unités qu'en renferme l'excédant de l'espèce supérieure, et, réciproquement, on prend de l'espèce supérieure autant d'unités qu'en renferme le déficit de l'espèce inférieure.

Résolvez les problèmes suivants :

530. Un fondeur veut allier un métal de 55 centimes le kilog. avec un autre de 85 centimes. Combien doit-il mettre de kilog. de chaque espèce, pour que le mélange lui revienne à 65 centimes le kilog. ?

531. Un marchand a du vin qui lui coûte fr. 0,35 le lit., et d'autre, à fr. 0,50; il voudrait faire un mélange qui lui revint à fr. 0,40. Combien doit-il faire entrer de litres de chaque espèce dans ce mélange ?

532. On s'était chargé de fournir du papier à 6 fr. la rame; mais on n'en a que de 5 fr. et de 6,50. Combien faudra-t-il en fournir de chaque qualité pour qu'il y ait compensation ?

533. Avec du blé à 14 fr. l'hectol. et du blé à fr. 17,50, on veut faire un mélange qui revienne à fr. 15,50. Combien d'hectol. de chaque prix faut-il prendre ?

534. Le laiton s'obtient en fondant du cuivre avec du zinc. Si le cuivre valait fr. 2,90 le kilog., et le zinc fr. 0,90, quelle quantité faudrait-il de l'un et de l'autre, pour obtenir un alliage qui revint à fr. 2,40 ?

535. Un marchand a du café à fr. 3,20 le kilog. et d'autre à fr. 2,20. Quelle quantité doit-il mettre de chaque qualité, pour en faire un mélange qu'il puisse vendre fr. 2,70 ?

Quelque fois il y a plus d'espèces à mélanger. S'il s'en trouve autant d'inférieures que de supérieures, on les prend, deux à deux, une inférieure et l'autre supérieure; puis, sur chaque couple, on opère comme nous venons de faire. Mais s'il y en a plus d'une espèce que de l'autre, par exemple, s'il n'y en a qu'une inférieure contre deux supérieures, après avoir fait la compensation entre l'inférieure et l'une des supérieures, on la fait de nouveau entre l'inférieure et l'autre supérieure.

Par exemple, on veut faire un mélange de blé à 15 fr., en réunissant du blé de 13, de 17 et de 18 fr. Vous opérez comme il suit :

$$
\begin{array}{c|c}
 & 15 \\
\hline
13 & 2 + 3 \\
17 & 2 \\
18 & 2 \\
\end{array}
$$

C'est-à-dire, que vous prenez 2 hectolitres à 13 fr., pour

compenser les 2 à 17 fr., et 3 autres à 13 fr., pour compenser les 2 à 18 fr. Le mélange renferme ainsi 9 hectol., et son prix total est 135 fr., lesquels divisés par 9, donnent 15 fr., pour prix de l'hectol.

Résolvez les problèmes suivants :

536. Avec des blés à 13 fr., à 18 fr. et à 20 fr. l'hectol., on veut faire un mélange qui revienne à 16 fr. l'hectol. Combien d'hectol. de chaque prix faut-il prendre ?

537. Quelqu'un veut faire un mélange d'huiles de différents prix, savoir de fr. 0,55 ; de fr. 0,60 ; de fr. 0,70, et de fr. 0,80, et vendre le litre du mélange fr. 0,65. Combien doit-il mettre de chaque qualité d'huile dans le mélange ?

538. On fait un mélange de cuivre de 2 fr. le kilog. avec de l'étain de fr. 1,50 le kilog.; du bronze de 3 fr. le kilog., et de l'argent de 190 fr. le kilog. Combien doit-il entrer de chacun de ces métaux, pour qu'on puisse donner le kilog. de cet alliage à fr. 6,50 ?

539. Un marchand de grains a des blés de 7 fr., de 8 fr., de fr. 9,50, de 11 fr. et de 16 fr. l'hectol.; afin de s'en défaire au plus tôt, il en fait un mélange qu'il vend 12 fr. Quelle quantité de chaque espèce de blé est-il entré dans ce mélange ?

540. Trouvez la quantité de chacune des espèces de marchandises entrées dans un mélange, qui est vendu 11 fr. le litre, et fait avec six sortes de marchandises qui coûtent le litre fr. 5,50 ; fr. 7,50 ; 8 fr. ; 9 fr. ; 12 fr., et fr. 13,50.

541. Dans une provision de fil que fait une mercière, il y en a de plusieurs qualités : une partie lui revient à 3 fr. le kilog.; une autre à fr. 4,50 ; une 3ᵉ, à 5 fr. ; une 4ᵉ, à 6 fr. ; une 5ᵉ, à 8 fr., enfin une 6ᵉ à 10 fr. Quelle quantité a-t-elle de chacune de ces espèces, s'il lui revient, l'un dans l'autre, à 7 fr. le kilog. ?

Règle de Fausse Position.

On appelle ainsi une règle à laquelle on commence par

donner une fausse position, en supposant ce qui n'est pas. Nous allons citer des exemples de *simple fausse position*, dans lesquels on arrive à son but au moyen d'une seule supposition ; et des exemples de *double fausse position*, dans lesquels on est obligé de recourir successivement à deux suppositions.

Exemples de *simple fausse position* : Une dame rencontre deux pauvres : elle donne au premier, $^1/_3$ de sa bourse ; au second, $^1/_5$ de ce qui lui reste, et il se trouve qu'en tout elle a donné 15 fr. Combien avait-elle avant d'avoir rien donné ?

Supposez un nombre quelconque ; mais, pour plus de facilité, prenez-le tel que le tiers en soit divisible par 5. Parce que vous voyez, par l'énoncé du problème, que vous aurez successivement à en prendre le tiers et le cinquième. Soit, par exemple, 30. Essayez de remplir, avec ce nombre 30, les différentes exigences du problème. Dites donc : Si la dame a donné d'abord le $^1/_3$ de 30 fr., ou $\frac{30}{3} = 10$, il lui restait 20 fr. Si, de ce reste 20, elle a donné ensuite $^1/_5$ ou $\frac{20}{5} = 4$, elle a donné en tout $10 + 4 = 14$. Or, d'après le problème, elle devrait avoir donné 15 fr. ; la somme supposée, 30 fr., n'est donc pas celle qu'avait la dame avant d'avoir rien donné. Mais cette supposition va nous conduire au but. Dites : Si, sur une somme de 30 fr., la dame en aurait donné 14 ; d'après le problème, sur quelle somme en aurait-elle donné 15 ? Voilà la question réduite à une règle de trois simple :

$$30 \dots\dots 14$$
$$x \dots\dots 15 \qquad \frac{30 \times 15}{14} = \text{fr. } 32{,}143\dots$$

La dame avait donc fr. 32,143... et, cette somme, en effet, remplit toutes les conditions du problème à un dix-millième près, que nous avons négligé.

Voici un exemple d'un autre genre, mais qu'une seule supposition conduit encore à résoudre. Vous avez des pièces de 5 fr. et de 2 fr., et vous voulez, avec 10 de ces pièces, payer 32 fr. Comment ferez-vous ?

Commencez par supposer que vous donnez 10 pièces de 2 fr. Voilà bien le nombre voulu de pièces ; mais ces pièces ne font que 20 fr., c'est-à-dire 12 fr. de moins que la somme voulue. Pour la compléter, dites : Une pièce de 5 fr., substituée à une pièce de 2 fr., diminuerait le déficit de 3 fr. ; or le déficit total, 12, renferme 4 fois 3 ; donc 4 pièces de 5 fr., substituées à 4 pièces de 2 fr., combleront le déficit total, sans augmenter le nombre des pièces. Diminuez donc de 4 le nombre supposé des pièces de 2 fr., et, en remplacement, mettez 4 pièces de 5 fr. ; vous aurez :

$$
\begin{array}{lll}
6 \ \text{pièces} & de \ 2 \ fr. = & 12 \\
\underline{4 \ p.} & de \ 5 \ fr. = & \underline{20} \\
10 \ \text{pièces} & & 32 \ fr.
\end{array}
$$

Vous auriez pu également faire l'inverse, et supposer le paiement fait avec 10 pièces de 5 fr. Mais, auriez-vous dit, 10 pièces de 5 fr. font 50 fr., c'est-à-dire 18 fr. de plus que la somme à payer. Pour faire disparaître cet excédant, je considère : d'un côté, que chaque pièce de 2 fr. substituée à une pièce de 5 fr., diminue la somme de 3 fr. ; d'un autre côté, qu'il y a 6 fois 3 dans 18 fr., excédant total. J'en conclus que, en substituant 6 pièces de 2 fr. à 6 pièces de 5 fr., je ferai disparaître en entier cet excédant. Il restera donc 4 pièces de 5 fr. et 6 pièces de 2 fr.

Résolvez les problèmes suivants :

542. Un mourant fait les legs suivants : il laisse $\frac{1}{4}$ de sa fortune aux pauvres ; $\frac{1}{5}$ du reste à l'église, et $\frac{1}{2}$ de ce second reste à ses domestiques. Pour acquitter ces legs, l'exécuteur testa-

mentaire est obligé de dépenser 4200 fr. Que reste-t-il, de la fortune, pour les héritiers?

543. Une maîtresse est convenue avec une élève qu'elle lui
donnera 25 bons-points, chaque jour, où elle aura bien su toutes
ses leçons, et que, au contraire, l'élève lui en rendra 20, tous les
jours où quelqu'une des leçons n'aura pas été sue. Au bout de 27
jours, elles veulent régler leurs comptes, et il se trouve qu'elles ne se
doivent rien l'une à l'autre. Combien y a-t-il eu de ces 27 jours, où
les leçons aient été sues? Combien où elles ne l'aient pas été?

544. Un vieillard, à qui l'on demande son âge, répond : Mon fils
a $\frac{2}{3}$ de mes années; sa fille a $\frac{1}{8}$ des années de son père, et leurs
âges réunis forment 63 ans. D'après cela, devinez le mien.

Exemples de *double fausse position* : Si quelqu'une d'entre
vous peut me dire combien j'ai de dragées dans cette boîte,
je les lui donnerai. Pour le deviner, il vous suffit de savoir
que le nombre de ces dragées est tel qu'en l'augmentant
de 28, ou en le multipliant par 5, on obtient le même
résultat.

Commencez par une 1re supposition : voyez si 15, par
exemple, remplit les conditions du problème, c'est-à-dire,
si 15, augmenté de 28, donne le même résultat que 15
multiplié par 5 :

$$15 + 28 = 43 \qquad\qquad 75$$
$$15 \times 5 = 75 \qquad\qquad \underline{43}$$
$$\qquad\qquad\qquad\qquad\qquad 32$$

Vous voyez qu'il s'en faut de 32 que les deux résultats
soient égaux. Faites donc une 2e supposition, et, dimi-
nuant votre premier nombre de 1, voyez si 14 répondra
mieux au problème.

$$14 + 28 = 42 \qquad\qquad 70$$
$$14 \times 5 = 70 \qquad\qquad \underline{42}$$
$$\qquad\qquad\qquad\qquad\qquad 28$$

L'erreur est réduite de 32 à 28, c'est-à-dire qu'elle est

diminuée de 4, par la diminution de 1, dans le nombre supposé.

Là-dessus dites : si 1 de diminution, dans le nombre supposé, diminue l'erreur de 4, quelle diminution faudra-t-il, dans le 1er nombre supposé, pour faire entièrement disparaître l'erreur, qui, avec ce nombre, est de 32 ?

$$1\ldots\ldots 4 \qquad \frac{1\,\times\,32}{4} = 8$$
$$x\ldots\ldots 32$$

Diminuez donc de 8 le nombre supposé 15, et le reste 7, sera le nombre cherché des dragées. En effet :

$$7 + 28 = 35$$
$$7 \times 5 = 35$$

Autre exemple : Un père, interrogé sur l'âge de son fils, répond : Mon âge est triple de celui de mon fils, et, il y a 10 ans, il en était le quintuple.

Par une 1re supposition, admettez que l'âge du fils est 17 ans, et voyez si cet âge remplit les condition du problème. Si le fils a 17 ans, le père en a $17 \times 3 = 51$; mais, si tel était leur âge actuel, il y a 10 ans, le fils eût eu 7 ans, et le père 41. Or, le père, dans cette supposition n'aurait dû avoir que 5 fois l'âge du fils, c'est-à-dire $7 \times 5 = 35$. Il y a donc erreur de 6.

Faites une 2e supposition, et portez l'âge du fils à 18 ans, celui du père à 54. Il y a 10 ans, le fils avait donc 8 ans, et le père, 44 ; or le père aurait dû avoir $8 \times 5 = 40$; il y a donc encore erreur, mais de 4 seulement ; ainsi l'erreur est réduite de 2.

Dites donc : si 1 d'augmentation dans 17, âge supposé du fils, a diminué de 2 la 1re erreur, une augmentation de 3, dans ce même âge, diminuera l'erreur de 3 fois 2, c'est-à-dire de toute l'erreur 6. Ajoutez donc 3 à l'âge supposé 17, et la somme 20 remplira les conditions du problème :

Age actuel

du fils   du père

20          $20 \times 3 = 60$

Age il y a 10 ans.

10          $10 \times 5 = 50$

Résolvez les problèmes suivants :

545. Pierre dit à Paul : si je te donne 5 de mes pièces, nous en aurons autant l'un que l'autre ; et, si au contraire, tu m'en donnes 4 des tiennes, j'en aurai le triple de ce qu'il t'en restera. Combien ont-ils de pièces chacun ?

546. Je veux récompenser un certain nombre d'entre vous ; mais il me manque 5 oranges, pour que chacune en ait 7. J'en donnerai donc seulement 5 à chacune, il m'en restera 9, que j'offre à celle de vous qui aura le plus tôt deviné : 1° Combien j'ai d'oranges ? 2° combien d'élèves je veux récompenser ?

547. De ces deux arbres le plus petit n'atteignait, il y a 3 ans, qu'à la moitié de l'autre ; mais, s'ils continuent l'un et l'autre de pousser de mèt. 0,40 par année, comme ils ont fait depuis 3 ans, dans 3 autres années, le plus petit aura les $^3/_5$ de la hauteur du plus grand. Quelle est la hauteur actuelle de chacun d'eux ?

RÉCAPITULATION

sur les Exercices de la Troisième Partie.

548. Une ouvrière a gagné 15 fr. en 12 jours. Combien gagnera-t-elle en 17 jours ?

549. Deux marchands, associés pour leur commerce, ont mis l'un 7790 fr., et l'autre 5900 fr. Ils éprouvent une perte de francs 547,60 Dites-nous quelle est la perte de chacun d'eux.

550. Un marchand de toile commande à un de ses ouvriers une pièce de toile de 238 mèt., et lui promet de lui en faire faire une 2ᵉ, s'il lui rapporte la 1ʳᵉ dans 24 jours. Au bout de 9 jours cet ouvrier a fait 85 mètres, et il vous prie de lui dire si, continuant à travailler de la sorte, il aura terminé à l'époque désignée.

551. Quel sera, au bout de 8 ans, l'intérêt de fr. 15,70, à 5 %.?

552. Combien faudra-t-il de jours à 44 hommes, travaillant 10 heures par jour, pour faire autant d'ouvrage que 12 hommes, en 20 journées de 11 heures?

553. Dans un hôpital, où il y a 96 lits, on a acheté mèt. 332,80 d'indienne de mèt. 0,85 de laize avec lesquels on a fait 52 couvre-pieds. Quelle quantité faudra-t-il d'une autre étoffe, large de mèt. 1,10 pour faire les autres couvre-pieds, et combien de mètres de coton large de mèt. 0,75 pour doubler les 96?

554. Six jeunes gens, au moment de satisfaire à la conscription, avaient mis en commun une somme de 2500 fr., que devaient se partager, en proportion de leur mise, ceux d'entre eux qui tomberaient au sort. Trois sont tombés, dont l'un avait mis 430 fr.; l'autre, 290 fr.; le 3ᵉ, 350 fr. Combien revient-il à chacun d'eux?

555. Une personne veut faire une rente de 900 fr. à un établissement de charité. A quel taux doit-elle placer la somme de 20000 francs qu'elle consacre à cette bonne œuvre?

556. Un jardinier calcule qu'en plantant certaine partie de son jardin en laitues, il en fera deux récoltes de 450 à fr. 0,02 chaque laitue, dans le même temps qu'il lui faudrait pour faire, sur le même terrain, une récolte de 150 choux. A quel prix faudrait-il qu'il vendît chaque chou, pour en tirer autant de profit que des laitues?

557. Ernestine est âgée de 5 ans; Louise, de 7; Julie, de 8; Léonie, de 10, et Amélie, de 15. Quelle est la vie moyenne de ces enfants?

558. Un chef d'atelier paie, aux 725 ouvriers qu'il emploie, 13920 fr. pour les six jours de travail de la semaine. Combien paierait-il, pour 17 jours de travail, à 675 ouvriers auxquels il donnerait fr. 0,30 de plus par jour?

559. Deux menuisiers ont loué un magasin pour la somme de fr. 225,70; le 1ᵉʳ y a laissé 1600 planches pendant 15 mois, et le 2ᵉ 1257 planches pendant 2 ans. Combien chacun doit-il payer de loyer?

560. Un marchand s'est engagé à fournir 54 rames de papier à fr. 6,50 ; mais il n'en a que de 5 fr. et de 7 fr. Quelle quantité de chaque qualité devra-t-il fournir, pour qu'il y ait compensation, et que son engagement soit rempli ?

561. Un tisserand a 48 kilog. de fil de trop pour en faire 25 paquets d'un certain poids ; au contraire, il en a 36 kilog. de moins qu'il ne faudrait, pour faire 40 paquets de ce même poids. Quel est le poids total de son fil ?

562. Un particulier a placé fr. 795,50 dans une entreprise. Quelle somme recevra-t-il au bout de l'an, s'il retire 6 °/₀ de son argent ?

563. Un voyageur a fait 696 kilomèt. en 24 jours, marchant 9 heures par jour ; il lui reste à parcourir 928 kilomèt., et il n'a que 36 jours. Combien doit-il marcher d'heures par jour ?

564. Huit ouvriers, pendant 5 mois, on fait trois différents ouvrages ; le 1ᵉʳ était de 35 mèt. ; le 2ᵉ, de 54, et le 3ᵉ de 81. Ils ont reçu pour le 1ᵉʳ, 215 fr. ; pour le 2ᵉ, 219 ; pour le 3ᵉ, 246. Ils ont 405 mèt. d'un autre ouvrage à faire, au prix moyen des trois autres. Combien chacun recevra-t-il ?

565. Si 9 cruches d'eau douce pèsent kilog. 85,500, combien pèseront-elles pleines d'eau de mer, lorsque 24 cruches semblables remplies d'eau de mer pèsent kilog. 233,928 ? Dites aussi quelle est la différence de pesanteur de l'eau salée avec l'eau douce ?

566. Trois banquiers ont fait un fonds de 400000 fr. Le 1ᵉʳ a fourni 30000 fr., qu'il a laissés 6 ans dans la société ; le 2ᵉ, 80000 fr., qui y ont été 5 ans, et le 3ᵉ, tout le reste pendant 10 mois ; le bénéfice a été de 100000 fr. Combien revient-il à chacun ?

567. Dans un pensionnat de province, la dépense journalière, pour la nourriture, est de 75 fr. ; le prix du pain étant de fr. 0,25 le kilog.; celui de la viande, de fr. 0,75 le kilog. ; du beurre, de fr. 1,40 le kilog ; du vin, de fr. 0,25 le litre, et ceux des autres frais, comme épices, légumes, bois, charbon, etc., étant exprimés par 3. A combien s'élèvera cette même dépense journalière, dans un pensionnat de Paris, ayant le même nombre d'élèves, lorsque le pain se vend fr. 0,36 le kilog. ; la viande, fr. 1,25 le kilog ; le beurre, fr. 2,15 le kilog. ; le vin, fr. 0,80 le litre, et les autres dépenses étant exprimées par 9 ?

568. Georges a un billet de fr. 5920,80 , payable dans 90 jours, on lui offre de le lui escompter à l'instant, l'escompte en dehors, ou bien dans 10 jours, l'escompte en dedans. Quelle différence y a-t-il entre ces deux propositions, l'un et l'autre escompte étant à 4 °/₀?

569. La fortune d'une personne est composée des capitaux suivants : francs 14285,70 placés à 3 $\frac{1}{2}$ °/₀ ; fr. 12500 à 4 °/₀ ; fr. 9090,95 à 5 °/₀. Quelle rente annuelle lui donnent tous ces placements ?

570. Cinq ouvriers avaient 405 mèt. d'ouvrage à faire ; ils y ont travaillé 9 jours, pendant lesquels le premier faisait, par jour, mèt. 10,45 ; le deuxième, mèt. 9,80 ; le troisième, mèt. 9,75 , le quatrième, 8 mèt. , le cinquième, 7 mèt. Quelle était par jour la moyenne de leur ouvrage ?

571. Un fondeur veut faire une cloche de 5490 kilog. ; pour cela il mélange du cuivre de fr. 5,20 le kilog., avec de l'étain de fr. 1,70 le kilog. Quelle est la quantité de chacun de ces métaux, s'il vend cette cloche, non compris la main-d'œuvre , 14823 fr. ?

572. Quelle est la valeur actuelle d'un billet de fr. 637,50 , payable dans 87 jours, si l'escompte est calculé en dehors ?

573. Un négociant se retire des affaires avec un capital de 40800 fr., dont il achète une terre qui rapporte 5 °/₀. Quel est le revenu annuel de cette propriété ?

574. Un marchand veut troquer de l'étoffe de fr. 6,70 le mèt. contre du blé de fr. 17,50 l'hectolitre. Combien doit-il donner d'étoffe en échange de 50 doubles décalitres de blé ?

575. André et Jacques avaient ensemble 108 fr. Jacques a dépensé le tiers de ce qu'il avait, et André le quart ; la somme de leurs dépenses est 32 fr. Trouvez combien chacun d'eux avait, et combien il a dépensé.

OPÉRATIONS SUPPLÉMENTAIRES.

PREMIÈRE PARTIE.

Additions.

1. $28 + 47 + 74.$
2. $123 + 499 + 10 + 4.$
3. $17 + 576 + 9 + 88.$
4. $99 + 968 + 87 + 9.$
5. $47 + 56 + 969 + 6 + 7.$
6. $63 + 986 + 7 + 649 + 87.$
7. $89 + 9 + 68 + 8976.$
8. $90789 + 3 + 37 + 967778.$
9. $7378 + 598703 + 76.$
10. $960 + 27 + 73479 + 3869.$
11. $33 + 72 + 8 + 3993 + 29797.$
12. $535 + 4785 + 64978.$
13. $97 + 9787 + 597689.$
14. $965 + 79 + 338 + 8790.$
15. $950 + 49 + 98687 + 7889.$
16. $9879 + 36 + 49687.$
17. $3355 + 79 + 389 + 578999.$
18. $799 + 957479 + 5987.$
19. $7908539 + 479 + 765.$
20. $32679825 + 67320175.$

21. Une dame a légué 6975 fr. aux malades de l'hospice ; 2850 fr. au bureau de charité ; 675, à la salle d'asile , et 2500 fr. à l'église. Quelle est la somme de tous ces legs ?

22. Une épicière a acheté pour 395 fr. de café, pour 280 fr. de poivre , pour 775 fr. de bougies , pour 655 fr. de chocolat et pour 345 fr. de savon. Combien retirera-t-elle de la vente de tous ces objets , si elle gagne 590 fr. ?

23. J'ai payé le montant de 5 factures : la première était de 125 fr.; la seconde , de 75 fr. ; la troisième , de 97 fr, ; la quatrième , de 199 fr. ; la cinquième , de 89 fr. ; il me reste encore 77 fr. Combien avais-je ?

24. Un orfèvre a vendu les objets dont le détail suit : un calice du poids de 533 grammes ; une paire de burettes , de 227 grammes ; une sonnette , de 115 grammes , et un ciboire , de 247 grammes. Dites le poids total de ces différents objets.

25. Paris compte 1200000 habitants ; Bordeaux, 126000 ; Toulouse, 94000 ; Marseille , 183000 ; Lille , 75000 ; Lyon, 24000 ; Strasbourg, 72000 ; Nantes , 94000. Quelle est la population totale de ces villes ?

26. Le mont Perdu a 3410 mètres de haut ; le pic du Midi, 2904 mèt.; le Canigou , 2780 mèt. ; le mont Pelvoux, 4300 mèt. ; le mont Viso , 3836 mèt. ; le mont Genêvre, 3592 mèt. ; le Mézin , 1776 mèt. ; le mont Lozère , 1490 mèt. ; le mont Dor , 1896 mèt. ; le Cantal, 1857 mèt. ; le Puy-de-Dôme , 1467 mèt ; le Jura , 1700 mèt. , et les Vosges , 1429 mèt. A quelle hauteur ces monts atteindraient-ils, supposé qu'il fût possible de les placer les uns au-dessus des autres ?

27. Nous lisons au livre des Rois que Salomon , voulant bâtir un temple au Seigneur , choisit 30000 ouvriers pour les envoyer au Liban préparer les bois nécessaires ; 80000, pour tailler les pierres ; 70000, pour porter les fardeaux, et 3300, pour surveiller les ouvriers. Combien d'hommes travaillaient en même temps à ce grand édifice ?

Soustractions.

28.　　　　729 — 289.
29.　　　203049 — 9980.
30.　　　9847511 — 7005134.

31.	57950 — 3970.
32.	76010048 — 8059342.
33.	8003074 — 7098709.
34.	3053063 — 685992.
35.	90000005 — 39557.
36.	504907 — 55398.
37.	8950076 — 4137976.
38.	945000090 — 2700934.
39.	330709874 — 49083049.
40.	90666549 — 9900099.
41.	97550054 — 1450045.
42.	84554945 — 97803.
43.	154400000 — 91791994.
44.	37908089 — 5547735.
45.	101010101 — 9737350.
46.	970700059 — 197983.
47.	49000907 — 345902.

48. Une pensionnaire reçoit 10 fr. de ses parents; avec cette somme jointe à ce qu'elle avait déjà dans sa bourse, elle assiste 6 pauvres, en donnant 2 fr. à chacun. Après cette bonne œuvre, il lui reste encore 7 fr. Combien avait-elle d'abord?

49. Pour avoir la croix, il faut que j'obtienne 195 bons-points. Lundi, j'en ai mérité 29; mardi, 28; mercredi, 33; jeudi, 27; aujourd'hui, 26. Combien faudra-t-il que j'en gagne demain pour avoir la croix?

50. Votre mère et votre sœur Julie ont ensemble 70 ans; Julie en a 17. Quel âge a votre mère?

51. Une ferme a rapporté 15648 fr., et les frais d'entretien se sont élevés à 6769 fr.. Combien le propriétaire a-t-il gagné?

52. Supposé que l'Europe ait 258000000 d'habitants de moins que l'Asie; l'Afrique, 19800000, de moins que l'Europe; l'Amérique, 21000000, de moins que l'Afrique; l'Océanie, 19000000, de moins que l'Amérique. On demande quelle est la population de chacune des cinq parties du Globe, en admettant que l'Asie ait 400000000 d'habitants.

53. La construction et l'ameublement d'un château ont coûté 82536 fr. ; on a payé au maçon 24561 fr. ; au charpentier, 5454 fr. ; au couvreur, 2735 fr. ; au plombier, 735 fr. ; au menuisier, 7345 fr. ; au serrurier, 1800 fr. ; au peintre, 789 fr. ; au vitrier, 644 fr. ; à divers autres ouvriers, 3480 fr. Combien est-il resté pour l'achèvement de la construction et pour l'ameublement ?

54. Une église a de hauteur le surplus de sa longueur sur sa largeur, et l'on sait qu'elle a 36 mètres de long et 12 mèt. de large. Combien a-t-elle de hauteur ?

55. Si j'avais vendu 20 fr. de plus une marchandise qui me coûtait 350 fr., j'aurais gagné 30 fr. Combien l'ai-je vendue ?

56. Si mon oncle me donnait 15 fr., je pourrais en donner 20 aux pauvres, et avoir 3 fr. de reste. Combien ai-je d'argent ?

57. Le Mont-Blanc (Europe) est élevé de 4500 mètres au-dessus du niveau de la mer, et l'Himalaya (Asie) est élevé de 7821 mèt. De combien le premier est-il moins élevé que le second ?

Multiplications.

58.	$342749 \times 4.$
59.	$28386 \times 7.$
60.	$897249 \times 55.$
61.	$7867894 \times 42.$
62.	$9327832 \times 84.$
63.	$83027860 \times 12.$
64.	$47568497 \times 36.$
65.	$2904802 \times 842.$
66.	$8763987 \times 324.$
67.	$429876 \times 978.$
68.	$642329 \times 2761.$
69.	$780970 \times 437.$
70.	$900076 \times 704.$
71.	$2090784 \times 5087.$
72.	$842660 \times 500.$

73.   63452 × 28.
74.   788943 × 789076.
75.   6427352 × 543207.
76.   58978987 × 97.
77.   99006463 × 35.
78.   4787867 × 334.
79.   8419730 × 7006.
80.   5326409 × 907.
81.   76429086 × 5006.
82.   5218759 × 27980.
83.   48265389 × 35.
84.   6579735 × 723.
85.   747654 × 402.
86.   78900067 × 25.
87.   900007003 × 33.

88. Combien faudra-t-il d'ardoises pour couvrir un petit pavillon, s'il y en a 23 rangs, composés chacun de 59 ardoises ?

89. Combien y a-t-il de kilogrammes de pruneaux dans 768 caisses, si chacune en contient 59 kilog. ?

90. Un négociant, qui avait vendu 748000 kilog, de froment l'année dernière, en a vendu 3 fois plus cette année. A combien se monte sa vente ?

91. Constance a 9 pages à apprendre ; elle désire savoir combien ce devoir renferme de lignes et même de mots. Elle sait seulement que la page est composée de 47 lignes, et la ligne de 13 mots.

92. Si un kilog. d'amandes en contient 389, combien y en aura-t-il dans 99 kilog. ?

93. Une fabrique a 197 croisées, chaque croisée 16 carreaux. Combien y a-t-il de carreaux dans toute la maison ?

94. Une ouvrière a travaillé 18 jours ; elle confectionnait 5 mètres d'ouvrage par jour. Combien a-t-elle fait d'ouvrage ?

95. Il y a 17 rosiers dans chaque allée du jardin, et le jardin a 9 allées. Quel est le total des rosiers ?

96. Combien recevra-t-on pour 230 moutons vendus à 25 fr. l'un ?

97. Combien y a-t-il de jours en 1853 ans, supposé que chaque année ait 565 jours ?

98. Une domestique reçoit 23 fr. par mois. Quel est son traitement annuel ?

99. On veut faire une distribution de pain à 97 pauvres. Combien faut-il en avoir de kilog., pour en donner 9 kilog. à chaque pauvre ?

100. Il a été fourni pour un hospice 3788 pièces de toile, longues chacune de 68 mètres. Dites ce qu'il en a été fourni de mètres.

101. Un voiturier, qui a conduit 355 voitures de bois, demande combien il en a conduit de stères en totalité, si chaque voiture en contenait 3.

102. Combien y a-t-il de stères de bois dans 7 chantiers, dont chacun en contient 849 ?

103. On a acheté 79 caisses de raisins secs, pesant chacune 9 kilog. Quelle est la totalité des kilog ?

104. Si un arbre a 3928 feuilles, combien s'en trouverait-il dans un champ entouré de 79 pieds d'arbres, supposé qne tous portassent le même nombre de feuilles ?

105. Un pommier a 359 pommes. Combien pourrait-il y en avoir dans un verger planté de 748 pommiers, qui porteraient un nombre égal de pommes ?

106. Un cheval parcourt 9516 mèt. par heure. Combien parcoure-rait-il de mètres en 18 heures de marche, supposé qu'il pût toujours trotter également ?

Divisions.

	Dividendes.	Diviseurs.
107.	12614	49
108.	98067	96
109.	89606	72
110.	48243	444
111.	763426	386
112.	5787	612

113.	40442	718
114.	6328	187
115.	64567	637
116.	2184	4691
117.	60429	1779
118.	90342	4169
119.	3009	7614
120.	712986	7614
121.	79042	7186
122.	9000458	4027
123.	1079	7908
124.	1082	9087
125.	400821	7064
126.	675332	8004
127.	5482446	3
128.	68323078	25
129.	46102492	422
130.	8213006886	224
131.	320496734	64
132.	123476007	7061
133.	8674280708	8906
134.	42646008	6000
135.	440072	230
136.	7600043	410
137.	4760084	22000
138.	86046402	7400
139.	86046402	3000
140.	2890004	15000
141.	897842	76
142.	9783256	346
143.	7984633	455
144.	68900364	708
145.	90070002	1200
146.	879587658	3522

147. Une directrice d'asile distribue, à ses enfants, un sac de dragées qui en contient 300. Combien chacun en aura-t-il, s'ils sont au nombre de 75 ?

148. Plusieurs personnes ont contribué chacune de 8 fr., pour acheter, à un certain nombres d'orphelines, des vêtements, dont chacun a coûté 7 fr. La dépense totale a été de 280 fr. On désire connaître 1° le nombre des bienfaitrices, 2° celui des petites orphelines.

149. Si une élève use 9 plumes par mois, combien de temps lui durera une boîte qui en contient 117 ?

150. Une personne, voulant distribuer à ses amies la récolte de ses orangers qui ont produit 375 oranges, en remplit 25 corbeilles. Combien chacune en contiendra-t-elle ?

151. Une sœur hospitalière achète 165 paires de sabots, et les distribue à 55 familles pauvres. Combien chacune en recevra-t-elle de paires ?

152. Si Julie met 3 heures à tracer sur une carte les 86 départements de la France, combien met-elle de minutes à tracer chaque département, l'un dans l'autre ?

153. Une église paroissiale peut contenir 1600 personnes. Combien renferme-t-elle de bancs, si chacun est de 5 places, et qu'il n'y en ait que pour la moitié des personnes ?

154. Un marchand de chapelets reçoit une caisse qui renferme 220330 grains. Il se demande combien de chapelets il pourra faire, sachant que, dans chacun, il entre 59 grains.

155. Combien achètera-t-on de couteaux avec la somme de 235 f., si la douzaine se vend 5 fr ?

156. En partant, un voyageur prend une somme de 575 fr. ; sa dépense journalière est de 25 fr. Combien de jours pourra-t-il être en voyage ?

157. On sait que le balancier d'une pendule frappe 60 coups par minute. On demande en combien de minutes elle frappera 364320 coups.

158. Une dame de charité lègue 74580 fr. à 245 familles pauvres. Combien chaque famille devra-t-elle recevoir ?

159. Eulalie a reçu pour étrennes 148 pralines dont elle ne garde

que 23 pour elle, et elle partage également tout le reste entre ses trois sœurs et ses deux frères. Combien chacun d'eux en reçoit-il ?

160. Durant une promenade, 18 petites filles se sont réunies pour chercher des noisettes ; elles en ont cueilli 938. Combien chaque enfant aura-t-elle de noisettes ?

161. Un jardinier a semé 565 pois verts qui en ont produit 133905. On demande combien chaque pois en a rapporté.

162. On a acheté dix douzaines de canifs pour 72 fr. A combien revient un de ces canifs ?

163. J'ai acheté 127 rames de papier pour la somme de 762 fr. Quel est le prix de la rame ?

164. L'édition d'un ouvrage a été tirée à 2500 exemplaires, pour une somme de 7500 fr. Quel est le prix de chaque exemplaire ?

165. Un épicier reçoit cinq caisses égales qui contiennent ensemble 350 kilog. de fromage. Dites combien chaque caisse en contient, et à combien revient le kilo, si les 5 caisses ont été payées 145 fr.

166. La hauteur de la pyramide Chéops en Egypte, est de 146 mètres, et celle de la colonne de la place Vendôme, à Paris, de 40 mèt. Dites combien de fois cette dernière hauteur est contenue dans la première.

167. Dans un établissement où il y a 47 feux, il a été brûlé, pendant un hiver, 587 stères de bois. Combien en a-t-il été brûlé dans chaque feu ?

168. La hauteur d'un édifice, où l'on parvient par 300 marches, est de 59 mètres. Quelle est la hauteur de chaque marche ?

169. Un marchand faïencier a fait venir 800 assiettes à 15 fr. le cent. Combien doit-il vendre chaque assiette, pour gagner 16 fr. sur le tout, supposé qu'il se soit cassé 30 assiettes en route, et qu'il y ait eu pour 10 fr. de faux frais ?

SECONDE PARTIE.

1. Si une pièce de 25 mètres de calicot coûte fr. 18,75 quel est le prix d'un mètre ?

2. Lorsque le stère se vend 7 fr., combien paie-t-on 4 décistères ?

3. Quand l'are est à 90 fr. , quel est le prix de 15 centiares ?

4. Combien valent 15 millimètres , à fr. 90,40 le mètre ?

5. Lorsque 5 litres coûtent fr. 1,80 , quel est le prix de 6 décilitres ?

6. Une personne a acheté , pour fr. 118,09 , 4 coupes de bois dont la première a donné stères 9,4 ; la seconde , stère 0,95 ; la troisième , 5 stères, et la quatrième, stères 8,75. A combien lui revient le stère ?

7. Combien coûteront 69 boîtes d'allumettes chimiques à fr. 0,08 la boîte ?

8. Dans un magasin de toile , il y a mèt. 578,49 d'une première espèce ; mèt. 900,98 d'une seconde ; mèt. 350,18 d'une troisième ; mèt. 740,55 d'une quatrième. Combien cela fait-il de mètres ?

9. La France récolte annuellement environ 47850000 hectol. de froment ; 22300000 hectol. de seigle ; 9850000 hectol. de méteil ; 16950000 hectol. d'orge ; 5780000 hectol. de maïs et de millet ; 744000 hectol. de blé sarrasin ; 2100000 hectol. de menus grains ; 40822000 hectol. d'avoine ; 22840000 hectol. de légumes secs. Combien ces différentes récoltes font-elles d'hectolitres ?

10. Combien y a-t-il d'hectares dans 4 prairies , dont la 1re contient ares 79,22 ; la 2e ares 84,56 ; la 3e ares 58,60 ; la 4e ares 24,90 ?

11. Sachant que le décimètre cube de granit pèse kilog. 2,643 , dites combien pèsent ensemble trois blocs : le 1er de mèt. cub. 0,220, le 2e, 1,06 ; le 3e, 2,329.

12. Un propriétaire a récolté 6 barriques de vin, dont la 1re contient 260 litr. ; la 2e, 255 litr. ; la 3e, 235 litr. ; la 4e, 233 litr. ; la 5e, 200 lit. ; la 6e, 240 lit. Combien a-t-il de litres en tout ?

13. Un particulier a acheté 148 stères de bois ; il en a brûlé 14,19 et vendu 82,20. Combien lui reste-t-il de stères ?

8

14. Un fermier avait semé hectol. 22,50 de froment; il en a récolté hectol. 341. Quel est son bénéfice, et combien chaque litre a-t-il produit de litres?

15. De deux bassins l'un contient 4960 mèt. cub., et l'autre 1 décamèt. cub. Quelle est la différence de ces deux bassins?

16. Combien coûteront kilogr. 156,70 à fr. 56,05 le kilogr.?

17. Combien faut-il de kilogr. de pain pour nourrir 875 hommes pendant 2 mois, l'un de 30 jours, et l'autre de 31, si l'on donne à chacun 528 gram. par jour?

18. Dans un atelier il y a 18 ouvriers qui font chacun mèt. 3,35 d'ouvrage par jour. Combien feront-ils de mètres dans 86 jours?

19. Quelle est la hauteur d'une échelle qui a 42 barreaux, s'il y a 315 millim. d'intervalle de l'un à l'autre?

20. On a acheté 9 douzaines de boites de plumes, dans chacune desquelles il y a 144 plumes. Quel sera le bénéfice, si l'on vend la plume fr. 0,012 de plus qu'on ne l'a achetée?

21. Quelle est la superficie d'une forêt qui appartient à trois propriétaires, dont le 1er en a hect. 38,85 ar. 12 cent.; le 2e deux fois autant que le 1er, et le 3e autant que les deux autres ensemble, moins ares 60, 50 cent.

22. Combien faut-il de froment à fr. 24,40 l'hectol., pour valoir 88 doubles décalitres de seigle dont l'hectol. coûte fr. 6,85?

23. Un propriétaire emploie 16 ouvriers pour défricher un terrain qui contient hectares 188, 7 ares 20 cent. Combien chacun en défrichera-t-il?

24. Combien fera-t-on de douzaines de petits bonnets avec 30 coupons d'indienne de même laize, et longs chacun de mèt. 3,05, si pour chaque bonnet il faut, l'un dans l'autre, mèt. 0,125?

25. Avec 652 fr. de plus que je n'ai, je pourrais payer hectol. 81,42 litr. de vin à fr. 0,45 le litr., et il me resterait 48 fr. Combien ai-je d'argent?

26. Pour 8 ballots de 6 pièces de toile contenant chacune mèt. 26,80, on a payé 3550 fr., et de plus 108 fr. pour le transport, 80 fr. de droit, 24 fr. d'emballage. Quel devra être le prix du mèt. de toile, si l'on veut gagner fr. 0,15 sur chacun?

27. J'ai acheté pour 100 fr., un lot de bois contenant 256 décist. A combien revient le stère?

28. Pour ensemencer 5 ares de terre, il faut un décal. de graine. Combien en faudra-t-il pour hect. 5,38 ares?

29. Un tas de blé a été vendu fr. 215,78 ; l'acheteur l'ayant mesuré, y a trouvé décal. 88, 5 litr. A combien lui revient l'hectol. ?

30. Un marchand prête à un de ses amis une pièce de drap de mèt. 75,45 à fr. 9,30 le mèt. ; plus tard celui-ci s'acquitte envers le prêteur, en lui donnant une autre pièce de 95 mèt. Combien est estimé le mètre de cette seconde pièce?

31. Sept héritiers ont à se partager une succession qui consiste en une maison, et hectar. 33,45 ar. de terre. Ils ont vendu la maison 5630 fr., et la terre à 3500 fr. l'hectare. Quelle sera la part de chacun ?

32. L'économe d'un pensionnat paie l'eau qu'on lui apporte fr. 0,01 le kilog. Trouvez ce qu'il doit à la fin de l'année scolaire, sachant qu'on en dépense 70 hectol. par mois, et que les vacances durent un mois.

33. Une dame achette 11 kilogr. de beurre, 50 gram. d'huile, kilogr. 2,500 de morue, 18 gram. de poivre, 750 gram. de sel et kilogr. 20,250 de légumes ; elle donne fr. 0,70 pour porter tous ces objets à la maison. Quel est le prix du port d'un kilo. ?

34. Un sac qui pèse kilogr. 6,850, renferme 150 pièces de 5 fr., 250 pièces de 2 fr., et le reste est en pièces de 1 fr. Combien renferme-t-il de ces dernières?

35. Le poids brut d'une caisse remplie de pièces de monnaie d'argent est de kilogr. 120,734 ; la caisse pèse seule kilogr. 6,169. Dites quelle est la somme contenue dans la caisse.

36. Un litre d'eau de mer pesant kilogr. 1,0265, combien un tonneau de hectol. 3,45, s'il est plein d'eau de mer, pèsera-t-il de plus que s'il était plein d'eau douce?

37. Sachant qu'un décimèt. cub. de beurre pèse kilogr. 0,942, Dites quel est le poids de beurre qu'il faudra pour remplir un vase qui contient 250 litres?

38. Quelle est la pesanteur de lit. 27,4 d'eau?

39. Quel est le poids de l'eau renfermée dans un baril qui en contient 18 kilol. 45?

40. Combien y a-t-il de litres dans 5566 gr. d'eau commune?

8*

4_I. Combien y a-t-il d'hectol. d'eau dans un bassin qui en contient 550 kilogrammes?

4₂. Combien pèse un sac renfermant la somme de fr. 482,20?

43. Combien y a-t-il de pièces de 5 fr., dans un rouleau pesant kil. 1,250 gr.? — Combien de pièces de 2 fr. dans un autre rouleau de même poids?

———

Les élèves peuvent maintenant, si on le juge convenable, voir la *note* qui suit *sur la manière de mesurer les surfaces et les solides.*

Les divers exercices sur le *métré* leur offriront de nombreuses applications de ce qu'elles viennent de voir dans la 2e partie de l'arithmétique.

———

NOTE

SUR

LA MANIÈRE DE MESURER LES SURFACES ET LES SOLIDES.

1. On nomme *surface* ou *superficie* une étendue en largeur et longueur seulement, tandis qu'un *solide* est un objet dont on considère tout à la fois la longueur, la largeur et la hauteur. Par exemple, quand on veut savoir ce qu'il faudra de matériaux pour construire un mur, on calcule toutes les dimensions de ce mur : sa hauteur, sa longeur et sa largeur ou épaisseur ; le mur ainsi considéré est un *solide*. Mais, si l'on voulait seulement le faire tapisser, on ne mesurerait que sa *surface*, c'est-à-dire qu'on ne tiendrait compte que de sa hauteur et de sa longueur ; car ici l'épaisseur ne fait rien.

2. Le mesurage des surfaces et des solides, que l'on nomme *métré* (et aussi *toisé*, parce qu'on le faisait autrefois avec la toise), demanderait, pour être parfaitement compris, certaines connaissances géométriques. Nous devons nous borner, ici, à donner quelques notions sur les surfaces et les solides plus ordinaires, et sur la manière de les mesurer.

NOTIONS SUR LES SURFACES ET LES SOLIDES PLUS ORDINAIRES.

Surfaces.

3. Parmi les surfaces, il y en a qui sont exactement rondes, et que l'on nomme *cercles* (Fig. 8, 16, 17, 18.) Il en est d'autres, qui ne sont entourées que par trois lignes droites ; on les appelle

triangles, (Fig. 6, 13, 14, 15.) D'autres ont quatre côtés, et se nomment *quadrilatères*. (Fig. 1, 2, 3, 4, 5, 7, 9, 10, 11, 12.)

Parmi les quadrilatères, on distingue le *trapèze* (fig. 7, 11, 12) dont deux côtés seulement sont parallèles, c'est-à-dire, également écartés l'un de l'autre dans toute leur étendue, et le *parallélogramme* (fig. 1, 2, 3, 4, 5, 9, 10) dont les quatre côtés sont parallèles deux à deux, c'est-à-dire, dont deux côtés sont parallèles entre eux, et les deux autres côtés sont aussi parallèles entre eux.

Les parallélogrammes les plus dignes d'attention sont ceux qui ont les quatre coins ou *angles* égaux, savoir : le *carré* (fig. 1, 2, 3, 9) qui a, en même temps, les quatre côtés égaux, et le *rectangle* (fig. 4, 5, 10) qui a deux côtés plus longs que les deux autres.

4. Dans tout parallélogramme, on appelle *base* un de ses côtés que l'on choisit à son gré, par exemple, le côté AB dans les figures 3 et 5. On appelle *hauteur*, une ligne qui représente la plus courte distance entre la base et le côté opposé à cette base : telle est la ligne pointée CD, dans les figures précédentes. Comme, dans les carrés et les rectangles, cette plus courte distance est égale à un des côtés perpendiculaires à la base, on peut prendre pour hauteur un de ces côtés, par exemple, MA (fig. 3 et 5), au lieu de la ligne CD.

5. Dans un trapèze, la base est toujours un des deux côtés parallèles, et la hauteur est la ligne qui représente la plus petite distance entre ces deux côtés par exemple CD (fig. 7.)

6. Un triangle, par exemple celui dont les angles sont marqués des lettres ABC (fig. 6), a, pour base, un de ses trois côtés pris à volonté, par exemple BC, et il a, pour hauteur, la ligne abaissée perpendiculairement de l'angle opposé A, que l'on appelle son *sommet*, sur cette base BC ou sur son prolongement ([1]) : ici c'est la ligne AD.

7. Dans un cercle (fig. 8), il faut distinguer le *centre*, le *rayon*, le *diamètre* et la *circonférence*. Le centre est le point C sur lequel porte la pointe immobile d'un compas, lorsqu'on fait tourner l'autre branche pour tracer un rond. La *circonférence* est cette ligne ABDEF que trace la pointe du compas. Le *cercle* lui-même est

---

([1]) Quand la base d'un triangle n'est pas assez longue pour que la ligne perpendiculaire tombe dessus, on la suppose prolongée autant qu'il est nécessaire.

l'espace renfermé dans la circonférence ; c'est ce qui resterait, si l'on enlevait tout ce qui est au dehors. Un *rayon* est toute ligne, telle que CA, CB, CD, CE, CF, qui va du centre à un point quelconque de la circonférence. Un *diamètre* est composé de deux rayons opposés, lesquels ne forment qu'une ligne droite qui, passant par le centre, traverse le cercle entier, et va aboutir à deux points opposés de la circonférence : tels sont les diamètres AE, BF.

Solides.

8. Parmi les solides, le seul qui se présente habituellement à mesurer, est celui qu'on nomme *parallélipipède rectangle*. C'est un solide à six faces qui sont autant de carrés ou de rectangles, et dont les deux faces opposées sont égales et parallèles : telle est une poutre, ou une barre de savon, coupée carrément aux deux bouts, et de même dimension dans toute sa longueur.

La *base* d'un parallélipipède rectangle est une de ses faces prise à volonté, et sa *hauteur*, la distance de cette base à la face opposée. Tout parallélipipède a donc trois dimensions : deux qui forment son *équarrissage*, et une troisième qui est sa *longueur*.

9. Quand les trois dimensions d'un parallélipipède rectangle : largeur, épaisseur et longueur, sont égales, et que, par conséquent, les six faces sont des carrés, le parallélipipède prend le nom de *cube* : tel est un dé à jouer.

10. On peut avoir aussi quelquefois à mesurer un *cylindre* tel qu'un rouleau de bois ou de pierre : c'est un solide, droit comme un parallélipipède, mais n'ayant que deux faces opposées, lesquelles sont deux cercles égaux et parallèles. Un de ces cercles est la *base*, et la longueur du cylindre est la *hauteur*.

Métré ou Toisé.

Surfaces.

11. CARRÉ. On a vu à la 2ᵉ note de la page 81, que, pour savoir combien un mètre carré contient de décimètres carrés, il faut multi-

plier le nombre des décimètres d'un côté, c'est-à-dire de la base, par le nombre de décimètres d'un autre côté, c'est-à-dire de la hauteur, et que le produit est précisément le nombre des décimètres carrés contenus dans le mètre carré. Ce même procédé s'applique évidemment au métré de tout autre carré. Supposons, par exemple, au carré MEAB (fig. 3) 25 mètres de côté : on multiplie 25 par 25, et l'on a, pour contenance de ce carré, 625 mètres carrés. La manière de mesurer un carré quelconque se borne donc à multiplier la base par la hauteur, c'est-à-dire un côté par l'autre (1).

12. RECTANGLE. On conçoit sans peine que ce même procédé doit également s'appliquer au métré des rectangles. En effet, au lieu du seul carré MEAB, supposons (fig. 4) deux carrés égaux à celui-ci, et tenant l'un à l'autre, de manière à former un rectangle IOUE, de 50 mètres de base sur 25 mètres de hautenr. Il est clair qu'on obtiendra le même résultat, soit que l'on mesure séparément chaque carré et qu'on réunisse les deux produits, soit que tout de suite on multiplie la base 50 du rectangle par sa hauteur 25 ; on trouvera, d'une manière comme de l'autre, 1250 mètres carrés dans le rectangle. La même raison s'appliquant à tous les rectangles possibles, conduit à dire que, pour avoir la surface d'un rectangle, aussi bien que pour avoir celle d'un carré, il faut toujours multiplier la base par la hauteur (2).

13. TRIANGLE. Un triangle est juste la moitié d'un parallélogramme qui aurait la même base et la même hauteur. On peut s'en convaincre à la simple vue, dans la fig. 5 qui représente un parallélogramme partagé en deux triangles égaux, AME et ABE. Chacun de ces triangles a même base et même hauteur que le parallélogramme.

---

(1) Quoiqu'un carré ait moins d'un mètre de côté, rien n'empêche qu'on ne puisse mesurer sa contenance au mètre carré; seulement, au lieu de trouver un mètre carré entier, on ne trouvera qu'une fraction plus ou moins forte du mètre carré. Soit une surface de mèt. 0,45 de base et de hauteur ; en multipliant 0,45 par 0,45, on a, pour produit et par conséquent pour une contenance du carré, mèt. car. 0,2025, c'est-à-dire, 2025 dix millièmes, ou, si l'on veut négliger les dernières décimales, 2 dixièmes d'un mètre carré.

(2) On peut, dans l'un et dans l'autre cas, pour rendre la chose plus sensible, se servir d'un papier de forme carrée ou rectangulaire, que l'on trace et que l'on coupe par petits carrés, comme on a supposé, note 2, page 81, qu'était divisé un carré de jardin.

En effet, on peut choisir, pour base commune du parallélogramme et du triangle AME, la ligne ME, et tous les deux auront pour hauteur, la ligne MA. Mais on peut aussi choisir, pour base commune du parallélogramme et du triangle ABE, la ligne AB, et tous les deux auront, pour hauteur, la ligne E B. Donc ces triangles ont même base et même hauteur que le parallélogramme MEAB. Donc aussi ils sont égaux entre eux. Mais, d'un autre côté, à eux deux, ils occupent exactement la surface du parallélogramme entier ; donc chacun d'eux équivaut à la moitié de cette surface. Or, pour obtenir la surface entière du parallélogramme, il faudrait multiplier toute la base par toute la hauteur ; donc, pour avoir la moitié de cette même surface, c'est-à-dire, la surface d'un des triangles, il faut multiplier la base par la moitié seulement de la hauteur. Supposé donc que la base du triangle ABC (fig. 6), soit mèt. 7,20, et la hauteur mèt. 3,60 ; je multiplie 7,20 par 1,80, moitié de 3,60, et j'ai, pour produit en mètres carrés : 12,96, surface du triangle.

Au moyen du triangle, on peut mesurer toute autre surface terminée par des lignes droites, quelqu'en soit le nombre, car on peut supposer cette surface divisée en triangles, par des lignes tirées d'un angle à l'autre, comme le sont les figures 19, 20, 21, 22 par les lignes interrompues. Il ne s'agit plus alors que de mesurer chacun de ces triangles, et de réunir tous les produits, pour avoir celui de la surface entière.

14. TRAPÈZE. Quant au trapèze, il est facile de voir (fig. 7), qu'il équivaut à deux triangles, AEF et EFB, qui auraient tous les deux, pour hauteur, la hauteur CD du trapèze, et, pour base : le premier, AE ; le second, le côté parallèle opposé FB. Or, pour obtenir la surface de chacun de ces triangles, il faudrait multiplier la base particulière de ce triangle par la moitié de la hauteur commune ; donc, pour obtenir la surface des deux triangles ensemble, c'est-à-dire, la surface entière du trapèze, il faut multiplier les deux bases des triangles, c'est-à-dire, les deux côtés parallèles du trapèze, par la moitié de sa hauteur. On obtiendrait le même résultat, en multipliant la moitié de la somme des deux bases par la hauteur entière ; or la moitié de la somme des deux bases, c'est la base moyenne, ou la largeur du trapèze mesurée à égale distance de la petite base et de la grande ; donc, pour avoir la surface du trapèze,

on peut multiplier sa base moyenne par sa hauteur. Ainsi, que le trapèze (fig. 7) ait 5 mèt. de hauteur sur 7,50 de largeur moyenne ; je n'ai, pour avoir la surface, qu'à multiplier 7,50 par 5, ce qui me donnera : mèt. car. 37,50.

15. CERCLE. Pour mesurer la surface d'un cercle, il faut d'abord en calculer la circonférence, et pour cela en connaître le diamètre ; car, le diamètre étant à peu près le tiers de la circonférence, on obtient la circonférence en triplant le diamètre. Ainsi à un cercle de 20 mètres de diamètre, on en suppose 60 de circonférence. Mais cette estimation est trop faible d'un vingtième environ ; il faut donc accroître d'un vingtième la circonférence. si on veut l'avoir plus exactement. Ainsi, pour le cercle en question, à 60 mètres, j'ajoute un vingtième, c'est-à-dire, la moitié des dizaines, et j'ai 60 + 3 = 63 mèt. ce qui ne s'écarte de la vérité que de quelques centimètres.

16. Maintenant, pour concevoir la manière dont on mesure la surface d'un cercle, il faut se la figurer comme formée d'une infinité de triangles qui se touchent tous, et ont tous leur sommet au centre, et leur base à la circonférence. Il s'ensuit que tous ont, pour hauteur, le rayon du cercle, et que, de plus, toutes leurs bases réunies forment la circonférence entière. Donc, pour les mesurer tous ensemble, et, par conséquent, pour avoir d'un seul coup la surface entière du cercle, il faut multiplier la somme des bases, c'est-à-dire, la circonférence, par la moitié de la hauteur commune, c'est-à-dire, par la moitié du rayon. On trouverait ainsi, dans le cercle proposé, en multipliant les 63 mètres de la circonférence par les 5, formant la moitié du rayon, que la surface du cercle renferme 315 mètres carrés.

Solides.

17. CUBE. On a vu, à la note, page 83, qu'on pouvait se figurer un mètre cube, comme formé de 10 planches ayant chacune un mètre carré sur un décimètre d'épaisseur, parce qu'en effet ces dix planches, exactement appliquées l'une sur l'autre, formeront un solide qui aura, non-seulement un mètre de largeur et un mètre de longueur, mais aussi un mètre de hauteur. De ceci on a conclu que, pour connaître combien ce mètre cube contenait de centimètres cubes, il

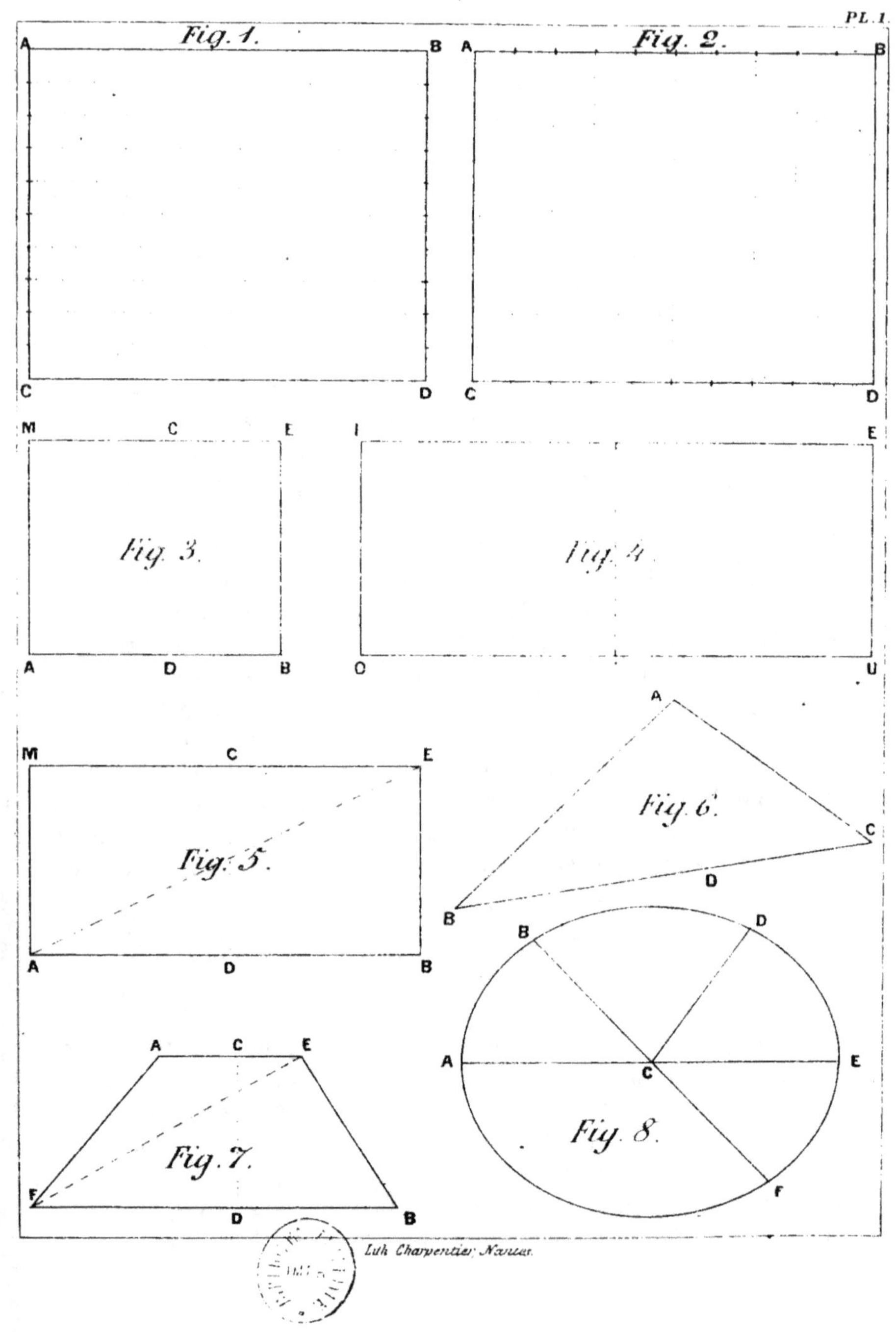

PL. 1.
Fig. 1.
A B
C D
Fig. 2.
A B
C D
Fig. 3.
M C E
A D B
Fig. 4.
I E
O U
Fig. 5.
M C E
A D B
Fig. 6.
A
B D C
Fig. 7.
A C E
F D B
Fig. 8.
B D
A C E
F
Luh Charpentier Nantes.

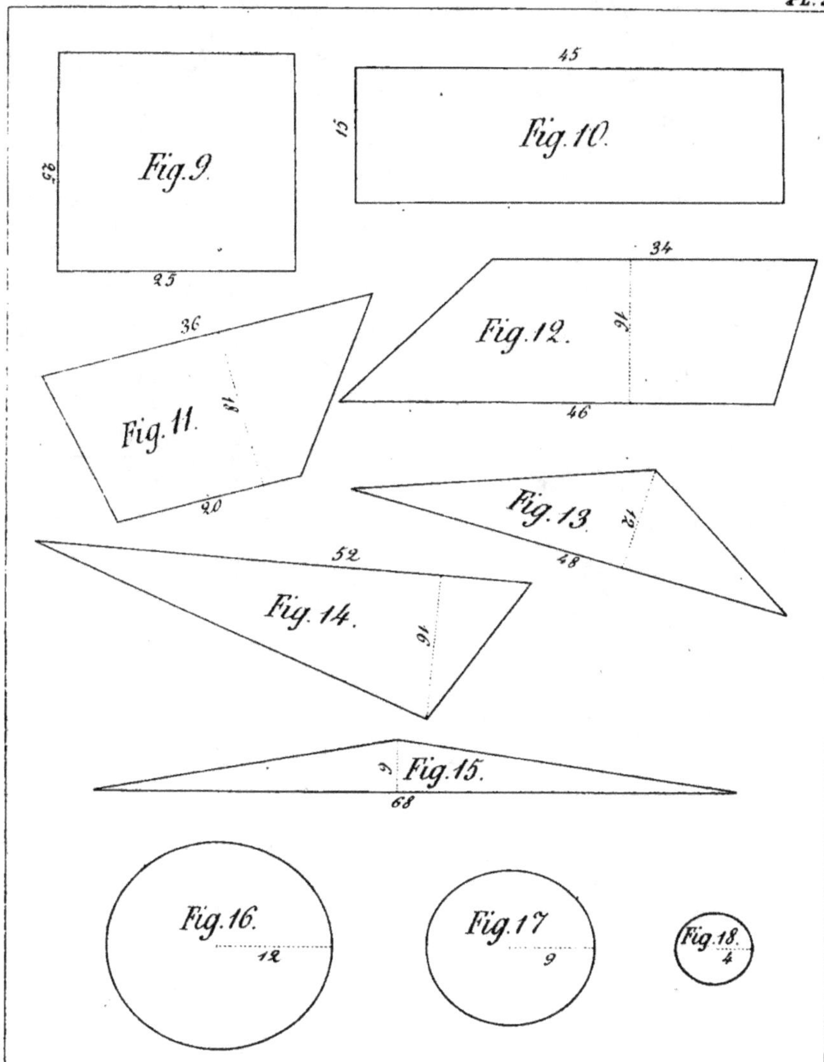

Les nombres dont certaines lignes sont cotées, indiquent ici des millimètres, mais, dans les opérations, ils peuvent aussi bien être pris pour centimètres, décimètres, mètres, &,ᵃ

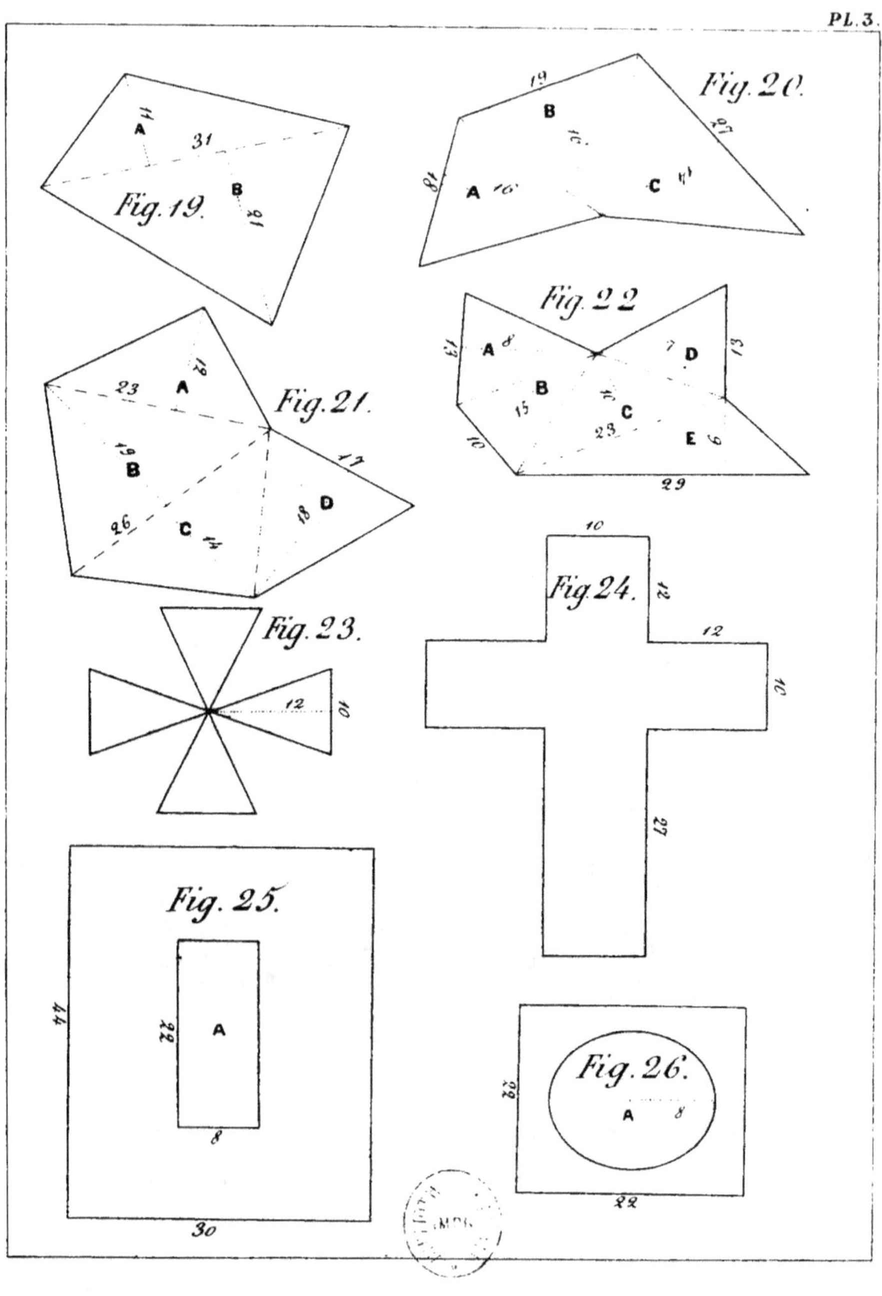
Fig. 20.
Fig. 19.
Fig. 22.
Fig. 21.
Fig. 23.
Fig. 24.
Fig. 25.
Fig. 26.

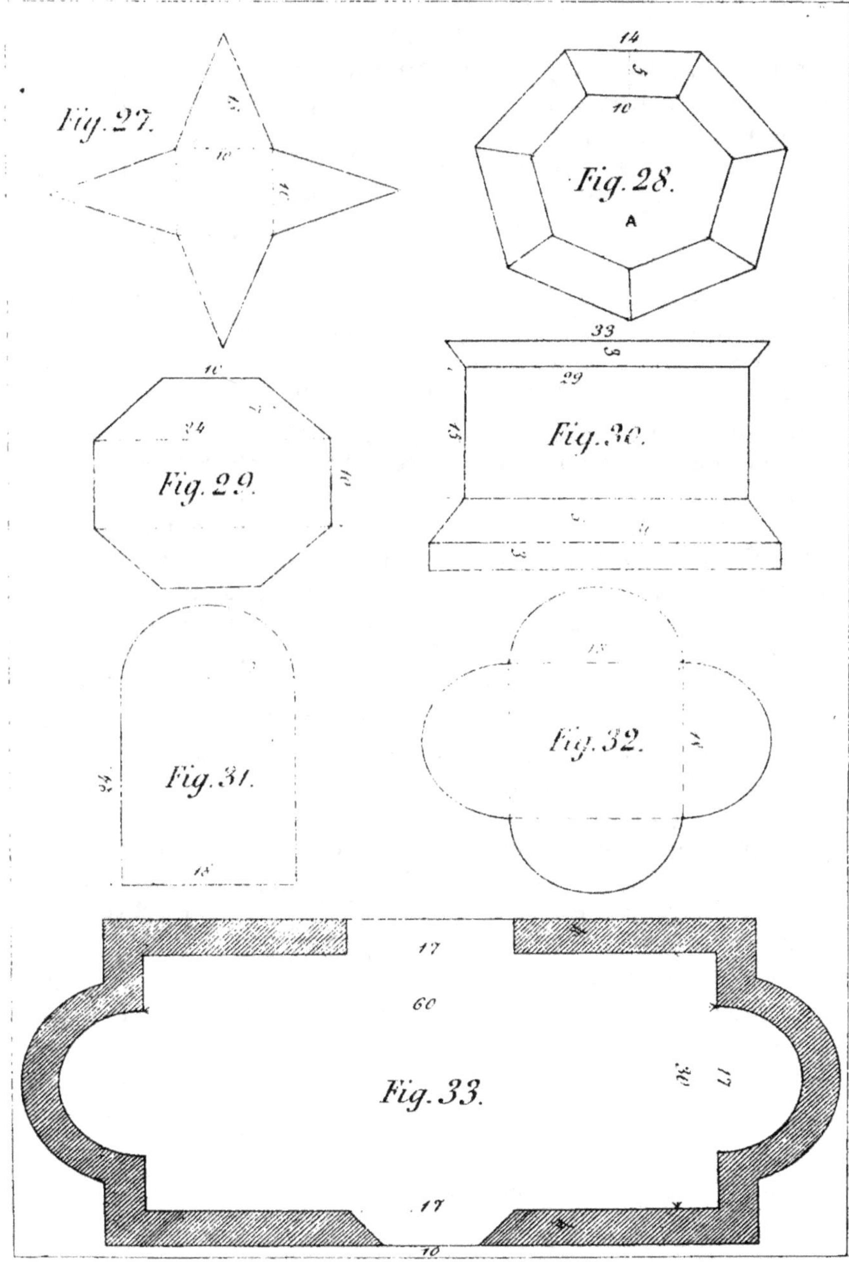

Fig. 27.
Fig. 28.
A
Fig. 29.
Fig. 30.
Fig. 31.
Fig. 32.
Fig. 33.
14
5
10
33
29
17
60

fallait 1° multiplier la longueur par la largeur, afin de savoir combien il y avait de décimètres carrés dans chaque planche ; 2° multiplier ce produit par le nombre des planches, c'est-à-dire, par le nombre des décimètres de la hauteur, afin d'obtenir le nombre des décimètres cubes de tout le mètre cube ; en deux mots : mesurer un mètre cube, c'est donc multiplier sa longueur par sa largeur, et l'on obtient ainsi sa base, puis remultiplier ce produit, c'est-à-dire, la base par la hauteur. Mais évidemment ce procédé s'applique également à tout cube, à celui, par exemple, qui aurait 12 mètres de largeur, sur 12 mètres de longueur et 12 mètres de hauteur ; on aurait la base, en multipliant 12 par 12, et le cube, en remultipliant la base par 12.

18. **Parallélipipède.** Maintenant, si nous supposons un second cube égal à ce dernier et posé exactement sur lui, il résultera de leur réunion un parallélipipède rectangle, qui aura 12 mètres de largeur, sur 12 de longueur et 24 de hauteur. Mais il est clair qu'en mesurant ce solide, j'obtiendrai le même résultat, soit que je mesure séparément chaque cube et que je réunisse les deux produits, soit que tout de suite je multiplie 12 par 12 pour avoir la base, et que je remultiplie cette base par la hauteur 24. La même raison, s'appliquant à tout autre parallélipipède rectangle, conduit à dire que, pour avoir la solidité d'un parallélipipède quelconque, il faut d'abord chercher sa base en multipliant sa largeur par son épaisseur (1), et ensuite multiplier cette base par la longueur, c'est-à-dire multiplier les trois dimensions l'une par l'autre. Soit une poutre de mèt. 0,35 de largeur, sur mèt. 0,41 d'épaisseur et mèt. 7,83 de longueur ; en multipliant 0,35 par 0,41, et remultipliant le produit 0,1435 par 7,83, on aura, pour solidité de la poutre : mèt. cub. 1, 123605, c'est-à-dire, un mètre cube et 123605 millionièmes de mètre cube.

19. **Cylindre.** On obtient la solidité d'un cylindre, comme celle d'un parallélipipède, en multipliant la base par la hauteur. Soit donc un cylindre long de mèt. 3,50 et ayant pour base un cercle de mèt. 0,20 de diamètre ; on commencera par chercher la surface de ce cercle,

---

(1) Quand une poutre est plus faible à un bout qu'à l'autre, on compense la différence, en mesurant la largeur et l'épaisseur, non pas à égale distance des deux bouts, mais à un tiers environ de distance du bout le plus gros.

et, pour cela, on en trouvera d'abord la circonférence mèt. 0,63, en triplant le diamètre et l'augmentant de $^1/_{20}$; on aura ensuite sa surface mèt. car. 0,0315, en multipliant cette circonférence par la moitié du rayon ; la surface de la base une fois obtenue, il ne reste plus qu'à la multiplier par mèt. 3,50, hauteur du cylindre, pour obtenir mèt. cub. 0,110250, volume de ce solide.

EXERCICES.

N° 3. Dans les figures de 9 à 33, montrez des exemples de cercles ou parties de cercle — de triangles — de carrés — de rectangles — de trapèzes.

Trouvez des exemples de ces mêmes figures dans les objets qui sont autour de vous.

4-7. Indiquez, dans les figures ci-dessus, le centre, le rayon, le diamètre, la circonférence de chaque cercle — la hauteur et la base de chaque carré, rectangle et triangle — la hauteur et les deux bases de chaque trapèze.

8-10. Trouvez, dans les objets qui vous entourent, des exemples de parallélipipèdes rectangles — de cubes — de cylindres.

Indiquez leur base et leur hauteur.

11-12. Calculez, en mètres carrés, la surface des figures 9 et 10, en supposant que les cotes indiquent des mètres.

13. Trouvez, en hectares, ares et centiares, la surface des fig. 13, 14 et 15 en donnant aux cotes la valeur de décamètres.

14. Calculez, en kilomètres carrés, la surface des fig. 11 et 12, supposant que les cotes sont des mètres.

15. Dites quelle est la circonférence des fig. 16, 17 et 18 en admettant les cotes pour des millimètres.

16. Trouvez la surface de ces mêmes figures.

11-16. 1° Dites en combien de surfaces partielles on peut diviser chacune des fig. 19, 20, 21, 22, 23, 24, 27, 28, 29, 30, 31, 32 et 33 pour en obtenir la surface totale.

2° Calculez chacune de ces surfaces partielles , et donnez la surface totale de chacune des fig., en supposant à toutes les cotes la valeur de décimètres.

3° Calculez en mètres carrés ou en ares , selon leur nature , les surfaces suivantes :

Un jardin : de mèt. 42,10 sur mèt. 18,60.

Un plancher : 6,25 sur 5,58.

Une page de livre : 0,18 sur 0,98.

Une carte de visite : 0,084 sur 0,05.

Un tapis : 4,20 sur 3,30.

Une feuille de verre : 0,38 sur 0,27.

Une pièce de toile : 25,60 sur 1,15.

Une allée : 61,70 sur 3,55.

Un rideau : 3,48 sur 2,10.

Un pré : 86,50 sur 30,45.

Un devant de cheminée : 1,40 sur 1,05.

Une cour : 42,00 sur 17,50.

4° Calculez la surface de la fig. 25 en admettant que le rectangle A soit vide. — Supposez que le cercle placé au milieu de la fig. 26 doive être tapissé d'une espèce de papier, et que le reste doive l'être d'un papier différent, et calculez, en mètres, combien il faudra de chaque espèce de papier.

17-19. Calculez le volume des parallélipipèdes suivants, en mètres cubes, en stères ou en litres, selon leur nature :

Une pierre, des dimensions suivantes : mèt. 0,58 , mèt. 0,34 , mèt. 0,68.

Une poutre : 0,45 , 0,32 , 6,50.

La terre à extraire d'une fosse : 1,70 , 1,00 , 4,35.

Une planche : 0,26 , 0,04 , 5,60.

Une barre de savon : 0,11 , 0,09 , 0,57.

Blé renfermé dans un meuble : 0,98 , 0,85 , 2,46.

Une brique : 0,13 , 0,03 , 0,22.

Un bâton d'encre de Chine : 0,06 , 0,007 , 0,092.

Un madrier : 0,22 , 0,10 , 4,33.

L'eau d'un bassin : 3,40 , 2,05 , 6,50.

Un tas de bois de chauffage : 2,26 , 1,28 , 3,25.

L'air contenu dans un appartement (¹) : 5,60, 3,90, 6,50.

L'eau renfermée dans un tuyau de plomb, haut de 6,40 et d'un diamètre de 0,09.

Une pièce de 5 francs : haut. 0,002 ; diam. 0,037.

Un tronc d'arbre : haut. 5,60 diam. moyen. 0,32.

Un fil de fer : haut. 24,00 ; diam. 0,002.

RÉCAPITULATION.

1. Combien faut-il de briques, larges de mèt. 0,15 et longues de mèt. 0,25, pour faire une cloison, haute de mèt. 3,40, et longue de mèt. 6,30 ?

2. Combien faut-il de mèt. de toile ayant mèt. 1,20 de laize, pour doubler trois tapis, dont le 1ᵉʳ a mèt. car. 14,35 ; le 2ᵉ déci. car. 1948 ; le 3ᵉ centi. car. 956,44 ?

3. Combien faut-il d'hectol. de chaux pour en répandre un décal. par are sur un champ, long de mèt. 220,60 sur une largeur moyenne de mèt. 96,50 ?

4. Un jardin de forme rectangulaire, et contenant 25 ares, a mèt. 62,50 de longueur. Combien a-t-il de largeur ?

5. Si un carré de jardin a 9 mèt. de longueur sur 6 de largeur, et qu'un autre carré n'ait que mèt. 6,75 de longueur, combien faudra-t-il donner de largeur à ce second carré, pour qu'il ait autant de surface que le 1ᵉʳ ?

6. Combien y a-t-il de mètres cubes de maçonnerie dans un mur long de 220 mèt., haut de 6 mèt. et épais de mèt. 0,65 ?

7. Sachant qu'un décimètre cube de fer forgé pèse kilog. 1,788, et celui de fer fondu kilog. 1,208, dites la différence qu'il y a entre

---

(1) L'air se mesure en mètres cubes.

deux barres, l'une de fer forgé, l'autre de fer fondu, ayant l'une et l'autre mèt. 1,75 de longueur sur mèt. 0,05 d'épaisseur et autant de largeur.

8. On demande quelle différence il y a, pour le poids, entre 20 planches de sapin et 20 planches de chêne, ayant, les unes et les autres, mèt. 3,25 de longueur, mèt. 0,042 d'épaisseur et mèt. 0,24 de largeur. Un décimètre cube de chêne pèse kilog. 1,170, tandis que celui de sapin ne pèse que kilog. 0,657.

9. Un réservoir ayant la forme d'un parallélipipède rectangle, contient hectol. 1776,50 d'eau ; sa longueur est de mèt. 5,50 et sa largeur de mèt. 5,40. Dites quelle est sa profondeur.

10. Une boîte de mèt. 1,20 de longueur, sur mèt. 0,75 de largeur et mèt. 0,58 de profondeur, est remplie de blé que l'on voudrait transvaser dans une autre boîte ; mais on ne peut donner à celle-ci que mèt. 1,10 de longueur sur mèt. 0,68 de largeur. Quelle profondeur lui faudra-t-il pour contenir tout le blé ?

11. On a 38 madriers de mèt. 3,50 de longueur sur mèt. 0,22 de largeur et mèt. 0,09 d'épaisseur ; on les refend en planches de mèt. 0,0225 d'épaisseur. Quelle surface couvriront toutes ces planches ?

12. Combien peut-on obtenir de morceaux de bois, longs de mèt. 1,50 sur mèt. 0,1 de largeur et mèt. 0,1 d'épaisseur, en débitant une poutre longue de mèt. 7,50, sur mèt. 0,4 de largeur et mèt. 0,5 d'épaisseur ?

13. Combien retirera-t-on de morceaux triangulaires ayant mèt. 0,25 de base et mèt. 0,75 de hauteur, d'une pièce de papier qui a mèt. 10,50 de longueur sur mèt. 1,00 de largeur? (Dans ce cas, et dans le suivant, on ne tient pas compte du déchet).

14. Pour carreler une chambre de mèt. 6,40 sur mèt. 5,60, j'ai à choisir entre deux espèces de carreaux : les uns de mèt. 0,32 à 45 fr. le °/₀, les autres de mèt. 0,18 à 20 fr. le °/₀. Quelle sera l'économie d'un carrelage sur l'autre ?

15. Supposé que, avec un mètre cube de moëllons, on ne fasse que mèt. cube 0,8 de maçonnerie, combien faudra-t-il de mètres cubes de moëllons pour bâtir un mur haut de mèt. 6,30, long de m. 14,50, épais de mèt. 0,65?

16. Si un bassin plein d'eau a m. 4,60 de longueur sur mèt. 3,50 de largeur et mèt. 2,40 de profondeur, et qu'une pompe en tire hectol. 1,25 par minute, en combien de temps l'aura-t-elle vidé?

17. Combien faut-il qu'une classe de 8 mèt. sur 6 ait de hauteur, pour que 100 enfants y trouvent chacun 2 mèt. cubes d'air?

18. Combien y a-t-il de maçonnerie dans une tour haute de 9 mèt., dont le diamètre extérieur est de 6 mèt. et le diamètre intérieur de mèt. 4,40?

19. Combien peut-on planter de laitues dans une plate-bande large de mèt. 1,20. et longue de mèt. 27,50, supposé que chaque laitue occupe 4 décimèt. car.?

FIN.

TABLE.

—

Première Partie.

Opérations sur les Nombres entiers.

Deuxième Partie.

Opérations sur les Nombres fractionnaires.

Troisième Partie.

Règles de Trois et autres applications des Règles fondamentales.

FIN DE LA TABLE.

ERRATA.

Nantes, Imprimerie de VINCENT FOREST, place du Commerce.

9 782329 814230